悦读科学丛书

量子力学浅说

朱梓忠 著

清华大学出版社
北京

内 容 简 介

本书通过浅显的语言介绍了量子力学的基本概念。主要介绍了普通量子力学的基本内容及其正统解释。本书追求内容的逻辑性和完整性。

本书可以作为高等学校非物理专业的“量子力学”通识课程或选修课的教材。对于学习量子力学的学生和老师、从事自然科学相关工作的以及热爱科学的读者也有参考意义。

图书在版编目(CIP)数据

量子力学浅说/朱梓忠著. —北京：清华大学出版社，2024.5
(悦读科学丛书)
ISBN 978-7-302-65571-8

Ⅰ. ①量… Ⅱ. ①朱… Ⅲ. ①量子力学—普及读物 Ⅳ. ①O413.1-49

中国国家版本馆 CIP 数据核字(2024)第 044691 号

责任编辑：鲁永芳
封面设计：常雪影
责任校对：薄军霞
责任印制：宋 林

出版发行：清华大学出版社
网 址：https://www.tup.com.cn，https://www.wqxuetang.com
地 址：北京清华大学学研大厦 A 座 **邮 编**：100084
社 总 机：010-83470000 **邮 购**：010-62786544
投稿与读者服务：010-62776969，c-service@tup.tsinghua.edu.cn
质量反馈：010-62772015，zhiliang@tup.tsinghua.edu.cn
印 装 者：天津鑫丰华印务有限公司
经 销：全国新华书店
开 本：170mm×240mm **印 张**：14 **字 数**：205 千字
版 次：2024 年 5 月第 1 版 **印 次**：2024 年 5 月第1 次印刷
定 价：55.00 元

产品编号：103025-01

前言

本书是在清华大学出版社的建议下，在作者《1小时科普量子力学》一书的基础上，专门针对非物理专业的读者而改写的，意图作为高等学校非物理专业的“量子力学”通识课程或选修课的教材。

量子力学与相对论是20世纪人类科学发展的最高成就。它们的哲学基础是最深刻的自然哲学基础。当今社会科技发展非常迅速，有很多事物如量子纠缠、量子通信、量子计算、量子密钥以及量子隧穿等，都含有非常新奇的量子力学概念。想要理解这些名词，掌握一部分量子力学的基本原理就变得很有必要。了解量子力学的基本原理对于提高个人的科学素养是很重要的，这样就不至于闹出“纳米是大米的一种”这样的笑话。很多人都听说过“量子”二字，但是对其意义却困惑不解。

我们现在知道，“牛顿力学在微观世界里有时是不对的”，那么它错在哪里了？对于这个问题，应该说明的是牛顿的三个运动定律不对了。所以，回答这个问题需要从解释牛顿三个运动定律有时候是不对的开始（本书也正是从这里开始的）。这里就涉及牛顿力学体系的基石与量子力学的基石的不同。大家应该明白，说牛顿力学有时候不适用了（或错了），完全不是说牛顿不够伟大，这只是历史的缘故。在牛顿时代，如果你真的写出了量子力学的薛定谔波动方程，它根本就没有地方得到验证。而在物理学界，没有办法验证的理论是会被忘却的。牛顿在四大领域有伟大的贡献：①发明了微积分；②由于微积分的发明而写出了万有引力公式；③牛顿力学体系的建立（即三大定律等）；④光学方面的许多重要贡献。任何一个人做出以上任一项成就都将名垂青史，更何况牛顿同时做出了这么多伟大的贡献。近代物理学之父伽利略有一句名言：大自然这本书是用数学语言写成的。事实上，微积分便是牛顿为了处理基本力学问题（如瞬时速度）而发明的一种强有力的数学工具。只有通过这种新的数学工具，牛顿才能很好地表达他心中的物理世界。量子力学作为一种比牛顿力学更为“优越”的理论体系，也是历史发展到一定阶段的产物。但量子力学不是对牛顿力学的修正，而是完全的革命。可以说，量子力学的基石已经完全不同于牛顿力学的基石，量子力学所运用的主要数学工具也与牛顿力学有所不同了。

能够熟练运用量子力学的数学框架求出各种物理量其实并不需要完全理解量子力学中蕴含的道理。可以大胆地猜测，能够熟练运用量子力学但又没有认真思考过量子力学，这可能是物理系、化学系等学习过量子力学课程的学生中比较普遍存在的现象。本书不会帮助读者获取已知量子力学数学框架下的更多计算技巧，但是对于希望理解量子力学中的基本道理的读者来说，本书或可提供参考。我会尽量叙述得简单一些，理由是要考虑到许多人完全没有学过量子力学。如果你认为自己是量子力学的行家，那么可能需要容忍本书中一些不够严谨的叙述，毕竟只有数学公式才能完整地表达一个物理量所有的含义。经典力学与牛顿力学这两个名词在本书中的含义是一样的，而牛顿运动方程就是指牛顿第二定律的运动方程。

著名的物理学家费曼曾经断言：“我想我可以放心地说，没有谁理解量子力学。”惠勒在给友人的信中也写道：“2000 年 12 月是物理中最伟大的发现——量子论——诞生一百周年。为了庆贺它，我建议用一个标题：量子论——我们的荣耀和惭愧。为什么说荣耀，因为物理学所有分支的发展都有量子论的影子。为什么说惭愧，因为一百年过去了，我们仍然不知道量子化的来源。”惠勒是一位著名的物理学家，普林斯顿大学的荣誉退休教授。所以，很多时候本书无法告诉你为什么在某个地方会出现某种量子化，以及为什么两个粒子会处于纠缠态等类似的问题。本书只是帮助你理解目前普通的量子力学的基本概念和正统解释。

物理学是建立在一些基本原理和基本概念之上，经过数学的演绎和实验的探索而发展和完善起来的学科。量子力学也不例外。所以，理解物理学中的基本原理和基本概念就显得尤为重要。在很多方面量子力学叙述起来好像有悖于我们的日常经验，如何浅显地解释量子力学的基本原理就成为本书写作上的挑战。我尽量使用简单的叙述和语言来讨论比较复杂的概念，希望读者能把思维放开一些。但是，学习量子力学最怕的也是初学者那种“天马行空，不着边际”的幻想。所以，具备最基本的物理和科学素养对学习量子力学也是很重要的。

一个有趣的问题是：为什么世界上著名的一些人物都是物理学家，如爱因斯坦、牛顿……杨振宁？其实道理很简单，因为物理学家所发现的都是自然界中最为基本的规律，而且这些基本规律是永恒的和普适的，它们对人类认识自然、改造自然有着根本意义上的重要性。这不是鼓励大家都去学物理，因为世界上有很多分工，无论哪一行都需要有人去做。为了增加本书的趣味性，同时也为了让读者更多地了解量子力学的发展线索，书中提供了很多相关科学家的简介和轶事。

本书可作为通识课或选修课的教材，在每章的最后都配备了思考题，并在全书的最后提供了思考题的参考答案。思考题可以有效加深对量子力学的理解，所以应该尽量花些时间去思考。这本书尽量避免繁琐的数学推导，出现的公式也是最基本的那些。但它不只是一本科普书，在很多地方它比一般的科普书要更加深入一些。当然，这里主要讲述了普通的量子力学，对比较高等的部分只是做了有选择性的介绍。量子力学中的很多概念还在不断发展中。在学习本书的基础上，读者可以继续深入学习更加高等的量子力学。

期待着本书能够为初次学习量子力学的同学们，以及从事自然科学相关工作的和热爱科学的读者提供帮助。如果读者能反馈意见给我，我将无比感激。

作 者

2024 年 3 月于厦门大学物理系

目录

第1章 引论

1.1 总论

量子力学研究的是微观世界物质粒子的运动规律，是物理科学中最重要的一个分支。量子力学的研究对象不仅涉及原子、分子、凝聚态物质，而且包括原子核和基本粒子等。量子力学在化学、材料学和生物学等学科以及许多近代科学技术中也得到了广泛的应用。它与相对论一起被认为是现代物理学的两大基本支柱。量子力学已经取得了惊人的成功，至今还没有发现一个量子力学的理论预言是错误的。当今全球经济的大约三分之一依赖于以量子力学为基础而发展起来的学科，例如半导体物理学、原子物理学、固体物理学、量子光学、核物理学和粒子物理学，甚至于包含化学、生物学和宇宙学等。量子力学的发展对哲学、文学和艺术也都产生了重要的影响（即对社会科学和人文精神也有重要的影响），对现代社会产生了巨大的影响。

19 世纪末，人们在生产实践中发现旧有的经典物理学理论无法解释微观体系的一些实验事实。于是，经过物理学家们的努力，在 20 世纪初（主要是 20 世纪 20 年代）创立了量子力学，解释了经典物理不能解释的现象。量子力学的创立从根本上改变了人类对物质结构及其相互作用的理解。现在，除了需要透过广义相对论理论进行描写的引力，迄今所有的基本相互作用都可以在目前的量子力学（量子场论）框架内描述。

量子力学是同 20 世纪一起来到人间的。奇妙的是，量子力学甚至有一个大家都相当公认的诞生日，那就是：1900 年 12 月 14 日。这一天，德国伟大的物理学家普朗克在柏林德国科学院物理学年会上宣布了他的伟大发现——能量量子化假说，标志着量子论的诞生。量子论给我们提供了新的关于自然界的表述方法和思考方法。它能很好地解释原子结构、原子光谱的规律性、化学元素的性质、光的吸收与辐射等。人们将“量子”的发现称为人类科学和思想领域的一场伟大的革命。继普朗克发现量子之后，量子力学的发展远远超出了任何一个最能幻想的科幻小说家的想象。

量子力学的发展主要可以分为两个阶段，即 1900—1925 年的旧量子论时期和 1925 年以后的量子力学理论的正式创立和完善阶段。

1. 关于正统的量子力学理论创立之前的旧量子论时期（1900—1925 年）

旧量子论主要包括普朗克的量子假说、爱因斯坦的光量子理论和玻尔的原子理论。关于旧量子论的创立，普朗克有非常特殊的贡献，取得了具有划时代意义的突破——第一个窥见了“量子”。人们在研究黑体辐射时，发现维恩公式只能在短波范围内成立，而瑞利公式只能在长波范围适用，这两个公式当时各自独立地在各自的频率区域内成立。1900 年 10 月，普朗克“无意”中凑出了一个公式，它很自然地在短波区域趋于维恩公式，而在长波区域趋于瑞利公式。1900 年 10 月 19 日，普朗克在柏林物理学会的会议上提出了他得到的公式。这个公式被发现与实验数据符合得非常好。普朗克非常清楚这个公式背后一定隐藏着重要的“东西”，这最终导致了上面提到的 1900 年 12 月 14 日量子假说理论的诞生。所谓的“量子”，就是指辐射能量的释放和吸收都不是连续的，而是一小份一小份地进行。普朗克就把这每一小份能量叫作一个“量子”。

1905 年，爱因斯坦引进光量子的概念，并给出了光子的能量、动量与辐射的频率和波长的关系，成功解释了光电效应。此外，爱因斯坦又提出固体的振动能量也是量子化的，从而解释了低温下固体比热的问题。可以看到，爱因斯坦对早期量子理论的发展起到了举足轻重的作用。1913 年，玻尔在卢瑟福有核原子模型的基础上建立起原子的量子理论，按照这个理论，电子只能在分立的轨道上运动。玻尔是旧量子论时代的领袖人物，团结和鼓励了一大批在量子力学领域取得辉煌成就的年轻人。在人们认识到光具有波动和微粒的二象性之后，1923 年法国物理学家德布罗意提出了物质波这一概念。认为一切微观实物粒子均伴随着一个波，这就是所谓的德布罗意波，这最终帮助了量子力学波动力学形式的诞生。旧量子论是同普朗克、爱因斯坦、玻尔以及索末菲等的名字紧紧联系在一起的。更加具体的讨论会在后续的章节中展开。

2. 关于正统的量子力学理论的创立

1925 年，德国物理学家海森伯，建立了量子力学的第一个数学描述——矩阵力学。1926 年，奥地利科学家薛定谔提出了描述物质波连续时空演化的偏微分方程——薛定谔方程，从而给出了量子力学的另一个数学描述——波动力学。1948 年前后，费曼还创立了量子力学的第三种形式——路径积分形式。历史上，上述正统的量子力学理论的发展来自两条路线(后来费曼的路径积分形式除外)：一条是从普朗克的量子论到玻尔的原子结构的量子论，再到爱因斯坦的辐射量子论，最后到海森伯的矩阵力学；另一条是从普朗克的量子论到爱因斯坦的光的波粒二象性，再到德布罗意的电子的波粒二象性，最后到薛定谔的波动力学。矩阵力学和波动力学都是逻辑上完备的量子力学体系，二者早被证明是等价的，只是数学形式上不同而已。

量子力学正统理论的发展(1925 年开始)是同海森伯、薛定谔、玻恩、约尔丹、泡利、狄拉克以及德布罗意等的名字紧紧联系在一起的(这里只列出代表性人物，当然还有其他人)，他们完成了把旧量子论转变成一种真正的量子理论这一艰苦的工作。20 世纪 20 年代的物理学风起云涌，重大理论突破不断出现，很快就建立了量子力学比较完善的理论体系。这也使得后来的许多聪明人只能作为“旁观者”而叹息那个激动人心的大发现的时代已经一去不复返了。

当我们从经典力学过渡到量子力学时，我们所关心的最重要的物理量也发生了变化。在经典力学中，最重要的是系统的受力情况，而在量子力学中，受力已经不再重要(甚至无用了)，重要的是系统的能量和动量。我们在量子力学中处理的不再是质点的运动轨迹，而是在位形空间和时间中变化的波函数(请参考第 4 章的思考题，可以更加深入理解波函数和位形空间的意义)。正统量子力学体系的核心是薛定谔方程及其波函数的概念(波动力学体系)。1926 年夏,薛定谔写出薛定谔方程之后,玻恩提出了对波函数的正确解释,即概率解释。可见,有趣的是,尽管波函数早已被写在了薛定谔方程当中,但是薛定谔本人当时却并不清楚波函数的含义,他甚至极力反对玻恩对波函数进行的正确的概率解释。从薛定谔方程诞生以来,差不多一个世纪过去了。虽然量子力学的内容被极大地丰富了,但是最基本的量子力学原理和概念都没有变化。量子力学是严谨的和实事求是的,而且量子力学总还在进步着,尽管有时候是艰难和缓慢的。有人统计过,截至 1960 年,以薛定谔方程为基础的论文就已经超过了 10 万篇(到现在,已经远远大于这个数),可见它是处理物质的电子和结构问题的强大的数学工具。

量子力学最重要的方面是它所揭示的叠加性、随机性和非定域性。在量子力学中,所处理的状态被称为量子态。而量子态都是叠加态,即它一定包含两个或两个以上的本征态。所谓本征态,是指拥有某个确定物理量的值的一种经典的状态,它已不再具有不确定性(一个量子态经过被测量而转化或“跃迁”到本征态上)。另外,在量子力学中讨论波的叠加时,都是指波函数的叠加。而波函数本身并不直接对应着物理实在,只有它的平方才对应着一种概率。可见量子力学中态的叠加性与经典物理学中若干波的叠加是完全不同的;关于随机性,即在量子力学中占支配地位的是统计确定性。在微观世界里,我们已经无法预言一个微粒的运动,微观世界的规律存在随机性。例如,没有人能够预见一个放射性原子何时会衰变。一个体系中如果不存在某种随机性,那它就不可能是一个量子力学体系(就没有了量子效应)。道理就是:如果没有了随机性,则体系所有的部分都是确定的,而这正是经典物理学涵盖的范畴;关于非定域性,就像在量子力学中存在着一种“怪异”的现象,就是有一种跨空间、瞬间影响个体双方的量子纠缠存在,也就是爱因斯坦所说的“鬼魅的超距作用”。所以,对于初学量子力学的人来说,笔者认为,理解整个量子力学体系的核心主要是理解两点:①量子力学的第二个基本假设(参见 4.5 节)。理解这一点,对于理解“叠加性”有根本意义上的重要性,对理解整个量子力学的数学框架也有重要帮助。②对于一个微观系统来说,只有其中的某个部分具有真正完全的随机性(或者系统本来就含有量子非定域关联的子部分)，这样的系统才可能拥有量子效应。这一点可以这样来理解：假如系统中所有的部分都没有随机性，那就是说，构成系统的所有部件都是确定性的，这样的系统便是经典系统(再次提了一遍)。至于量子力学的非定域性，虽然它非常重要而必须了解它，但是真正的理解可能还存在困难(世界上也可能还没有人真正理解它)。

量子力学中最重要的概念是什么？关于这样的问题，至今仍有不同的答案。玻尔一直认为，量子力学中最本质的概念应该是他的互补原理。海森伯早期则认为，最重要的概念是他提出的测不准关系以及矩阵力学中出现的非零的对易关系。狄拉克早期也认为，最重要的是“力学量不遵守乘法交换律的假设”。但是到了晚年，狄拉克认识到波函数及其概率解释的概念才是量子力学中最基本的。海森伯到了晚年也认为，量子力学中态(即波函数)的定义，是对自然现象的描述所做出的一个巨大变革。费曼则一贯主张波函数是量子力学中最基础的概念。看来，量子力学大师们都还比较倾向于认为“态”或“波函数”及其概率解释是最重要的概念。

量子力学同任何一门物理学分支一样，既包含了一套如何开展计算的数学方法，又包含着把计算结果同经验事实相联系起来的规则。这些内容对于需要读懂量子力学课程的学生来说，是必须掌握的基本内容。此外，量子力学还有另一方面的内容，就是对量子力学本身的解释的问题。量子力学作为人类高度智慧的结晶，有着非常深刻的含义，对它的解释有的还非常难以理解，或充满着争议。也就是说，大多数的书籍对于量子力学的数学框架的叙述是大同小异的，但是对于一些基本概念，不同的书则可能各不相同，莫衷一是。在这本薄薄的书中，我们“坚决地”建议读者暂时不要去深入思考量子力学中一些还有争议的问题。当需要讨论这方面的问题时，本书中我们尽量采用哥本哈根学派对量子力学的正统解释。

量子物理学是目前关于自然界的最基本的理论。虽然人类在20世纪20年代就创立了量子力学，然而至今仍无法真正理解这个理论的真谛。似乎连20世纪最伟大的科学家们也都没有真正理解它，一直在为之争论不休。当然，我们相信，越是困难或越有挑战性的问题就越能激起人类的好奇心。对于每一个对自然界充满好奇的现代人来说，不理解量子力学就无法理解我们身边的世界，就不能真正成为一个有理性的、思想健全的人。本书是关于量子力学基础知识的书籍，其目的就是要帮助有好奇心的现代人比较容易地进入量子力学的世界。然后，在此基础上，学习更高等的量子力学（有兴趣的话）。

微观世界如此之小，人类不可能直观地体验。我们只能通过各种实验方法间接地测量，再用抽象的数学手段想象似地加以描绘。因此，我们没有理由要求微观世界遵循我们常见的宏观规律，也没有理由用理解日常现象的方式去理解微观的量子世界。为了大家能够很快地了解量子力学的发展进程，在本书的附录A中，我们给出了量子力学发展史比较具体的年表。这部分内容主要参考了参考书目[3]，即金尚年老师的《量子力学的物理基础和哲学背景》。

1.2 量子

什么是“量子”？量子这个词是从拉丁文 quantum 而来的，原意是数量。在物理中，“量子”最早是在1900年由普朗克在处理黑体辐射时引进的，表示辐射能量的释放和吸收都是不连续的，而是一小份、一小份地进行。普朗克把这每一小份能量叫作一个量子，能量值就只能取这个最小能量元的整数倍（而不能是半个量子的能量）。量子是现代物理学中非常重要的基本概念，研究表明，不仅能量表现出这种不连续的分立化（即所谓的量子化）性质，其他的物理量，诸如角动量、自旋、电荷等，也都表现出这种不连续的量子化现象。量子化现象主要表现在微观世界。这与以牛顿力学为代表的经典物理学有着根本区别，牛顿物理学的特征是它有连续性。

普朗克的量子概念第一次向人们揭示了微观自然过程的非连续本性，或称量子本性。或者说，量子才是这个世界的本质所在，我们看到的所谓“连续的”世界，其实背后是量子化的（请参见书末思考题的答案）。1905年是所谓的物理奇迹年，这一年爱因斯坦除了发现狭义相对论，还提出了光量子的假说，进一步发展了普朗克关于量子的概念。爱因斯坦认为，光波本身是由一个个不连续的、不可分割的能量量子组成的。利用这一假说，爱因斯坦成功解释了光电效应的实验事实。其实量子的概念不只是在光波的发射和吸收时才有意义，正如上面提到的，很多物理量都表现出不连续的量子化现象。

1.3 经典物理学和量子力学

什么是经典物理学？这是经常会提到的，也会经常地把经典物理学的结果与量子力学的结果做对比。所以，需要稍稍详细一点解释一下什么是经典物理学。

经典物理学主要由伽利略（1564—1642年）和牛顿（1643—1727年）等于17世纪创立，经过18世纪在各个方向上的拓展，到19世纪得到了全面和系统的发展而达到了辉煌的顶点。到19世纪末，已建成了一个包括力学、热学、声学、光学、电学等学科在内的、宏伟完整的理论体系。特别是它的三大支柱——经典力学、经典电磁学、经典热力学和统计力学已非常成熟和完善，理论的表述和结构也已十分严谨和“完美”，对人类的科学认识也产生了深远的影响。

经典物理学的发展离不开一个伟大的人物，那就是牛顿。他的运动定律描述了万物是如何运动的，他的万有引力定律把行星的运动和地球表面上物体的运动统一了起来。他还发明了微积分，这是一个强有力的数学工具，在物理学的各个分支都大量运用了微积分。虽然微积分成了数学的一个分支，但是数学对物理的重要性却是不言而喻的。牛顿在光学领域也做出了巨大贡献。

经典物理学的各个主要分支包括：

（1）经典力学。它包含了牛顿三大定律，但主要是以牛顿第二定律的运动方程为基础。在宏观世界和低速状态下，它可以很好地描述物体是如何运动的，可以说明当物体连接在一起时会发生什么，比如建筑或桥梁。经典力学在自然科学和工程技术中有着极其广泛和重要的应用。

（2）经典电磁学。这是主要研究电磁力，研究磁场和电场的一个学科。麦克斯韦对电磁理论有里程碑式的贡献，他提出了描述电磁场的麦克斯韦方程组，并发现了光就是电磁波。当量子效应可以忽略时，麦克斯韦理论能够非常完美地描述电磁现象。电磁学对人类文明的贡献是巨大的。

(3) 经典热力学和统计力学。热力学是研究热现象中物态转变和能量转换规律的学科，以热力学三个定律为基础，研究平衡系统各宏观性质之间的相互关系，揭示变化过程的方向和限度，它不涉及粒子的微观性质。热力学包含了熵的概念，描述了系统的有序和无序，以及告诉我们不同能量类型的不同用处。统计力学根据对物质微观结构及微观粒子相互作用的认识，用概率统计的方法，对由大量粒子组成的宏观物体的物理性质及宏观规律做出微观解释。

(4) 光学。它主要研究光的现象、性质与应用。例如解释光的反射、折射和衍射的原理等。光在棱镜中的折射以及透镜是如何聚焦光线的，这对于望远镜、显微镜和照相机的制作都很重要。望远镜的发明使我们能够观测宇宙中不同的天体，这促使了宇宙学和天体物理学的诞生。光不需要通过任何介质，可以在真空中传播。

(5) 流体力学。它是研究流体(包括液体、气体和等离子体)是如何流动的科学。利用流体力学可以计算出飞机机翼产生的升力是多少，以及汽车的空气动力学是怎么运作的。研究流体力学是出了名的难，因为在微观尺度，分子的运动是非常复杂和快速的，而这就需要复杂的混沌理论等。

以上这些就是经典物理学的主要内容了。一直到19世纪末，我们对宇宙的理解都是基于以上这些物理学的分支。在这个时期，物理学家认为宇宙中所有东西的运作像时钟那般准确，取得某一时刻宇宙的完整信息，原则上(哲学意义上)就能够得到宇宙在未来和过去任意时刻的情况，这就是所谓的拉普拉斯决定性。

什么是量子力学？回答这个问题是本书的任务。在总论中已经指出，量子力学的研究对象涉及原子、分子、凝聚态物质，而且包括原子核和基本粒子等，研究的是微观世界物质粒子的运动规律。量子力学是世界目前已知的最正确的物理理论，而经典物理原则上来说都是近似成立的。至此，我们对量子力学的认识暂且就到此为止。

1.4 什么时候必须用到量子力学

到底什么时候才会用到量子力学呢？很显然，我们在造桥、挖隧道、建房子以及绝大多数宏观的日常行为中都用不到量子力学。在这些情况下，牛顿力学已经够用了！专业一点地说，通过对体系的受力分析，再使用位置、轨迹、速度（以及速度的轨迹）、加速度等这些经典力学的概念，就可以非常好地描述像造桥和建房子这些日常行为了。换句话说，在绝大多数的宏观领域中使用量子力学是完全没有必要的，牛顿力学是量子力学在宏观尺度下非常好的近似。

在日常的宏观尺度下用不到量子力学，所以有些人可能会认为，量子力学与我们的日常生活相距很远。当然，这是完全错误的。我们当今生活的很多"特征"都与量子力学有着密不可分的紧密关系。例如：我们用的手机、互联网、计算机、电视机等以及大量使用了计算机的各行各业（如银行），这些都与量子力学有着密切的联系。没有量子力学，就不会有这些现代人越来越离不开的东西。

笼统地说，量子力学是在微观世界的领域中起作用的！主要是在原子、亚原子（如原子核和基本粒子）、分子和材料的微观领域里起决定性的作用。当然，宏观的量子效应也是存在的，如超导、超流、约瑟夫森效应以及量子霍尔效应等。通常来说，宏观的量子效应都是非常重要的，发现或者只是帮助理解宏观的量子效应通常都是可以获诺贝尔奖的。此外，固体和液体等凝聚态物质的宏观性质也是由原子之间微观的相互作用细节决定的：我们周围的物质大都可以看成是由原子构成的，而原子-原子之间的相互作用力使得原子们"凝聚"起来，从而使物质得以形成。如果这样看，似乎我们只需"力"的概念就可以理解物质的构成了。但是实际上，如何理解和描述这些原子-原子之间的相互作用，从而理解原子们凝聚起来的本质，就恰恰必须用到量子力学。这方面，经典力学是完全不能胜任的！要解释清楚原子之间的相互作用，讲清楚物质形成的原动力，没有量子力学是完全无法想象的。

力、位置、运动轨迹、速度以及加速度等这些经典力学的概念已经根深蒂固地存在于我们的脑子中，我们对日常的许多宏观物质的运动都习惯于用这些概念来分析。例如，在讨论汽车的运动时，通常可以使用汽车在哪里（即位置）、速度是每小时多少千米、踩油门（加速度）、刹车（负加速度）等这些概念。这些概念确实可以非常精确地描述汽车的运动状态。而量子力学开始适用的时候，恰恰是像位置、运动轨迹、速度以及加速度等这些概念不再适用的时候。例如，已经提到的电子在原子中的运动。实验已经充分证明，电子在原子中运动，其位置、运动速度等概念已经不再是正确的，或者说，根本就无法测量出电子的位置和速度等这样经典的物理量。取而代之的是概率和平均值的说法，例如电子出现在空间某一点的概率有多大，速度的平均值有多大等。

那么，什么时候使用牛顿力学不会出问题呢？只要一个粒子的波动性表现得不明显，其粒子性远大于其波动性时，就是牛顿力学适用或近似适用的时候。当我们建一座大桥时，完全没有必要用量子力学，只要用牛顿力学就完全足够了。而且，也不是说，在微观世界里牛顿力学就完全不能用。我们知道，当尺度小到埃的量级时（即原子的尺度，1 埃＝10^{-10} 米），微观粒子的波动性（或说量子效应）可能会相当明显。此时当然必须使用量子力学来处理。但是，并不是说尺度小于埃或远小于埃就必须用量子力学。对于原子核（尺度在 0.0001 埃）的运动这种非常微观的事情，其实牛顿力学方程还是近似适用的。其原因在于，原子核的质量是相对较大的，其波动性的一面不是很明显。有一门所谓的"经典分子动力学"的学问，就是将原子核的运动用经典的牛顿方程组来描述的。

有一种"通用的"说法，可以用来说明什么时候应该使用量子力学，那就是：当普朗克常量 h 起作用时就是应该使用量子力学的时候；当普朗克常量可以被略去不计时，就可以使用经典物理学。这种说法当然是准确的，只是听起来好像对我们理解量子的概念什么时候起作用并没有很大的帮助。另一个类似的说法是，当牛顿运动方程不能适用时就应该使用量子力学方程（这个说法对我们好像也没有什么帮助）。所以，有必要说明一下什么时候量子力学会过渡回经典力学？这就不得不谈到对应原理。关于对应原理的系统阐述，最早可见于玻尔在1918年的论文，而关于对应原理的思想萌芽，则在玻尔1913年发表的划时代论文中就可以明显地看出来。正式使用"对应原理"这个词则是在1920年玻尔的论文当中。在讨论氢原子时，玻尔指出："在大量子数的极限情况下，量子体系的行为将渐近地趋于与经典力学体系相同"。对于已经有一点量子力学知识的人来说，很容易看到，当氢原子中主量子数 n 变得很大时，电子的能级就不再是分立的，而是趋于连续的(玻尔的分立轨道概念就不见了)。所以，这时候大量子数 n 之下的量子力学就趋近于经典力学。

1.5 量子力学的学习方法

要如何学习量子力学呢？这是个很难回答的问题。因为对于不同的人，可能必须对应不同的学习方法。对于像笔者这样的凡夫俗子来说，学习量子力学未必能够先理解量子力学的很多基本原理和哲学基础，然后才继续往下学习量子力学的其他知识。实际上，笔者本人是先完全接受量子力学的数学框架，在期末考试之后，才慢慢去理解量子力学各基本原理的。有的原理在以后的许多年里还在慢慢地思考和理解，有的原理笔者可能一直都无法正确地加以理解。所以说，学习量子力学不是一件很轻松的事，尤其是领会某些基本概念。此外，为了比较深入地学习这门课程，可能还要有相当扎实的数学功底，因为量子力学的运用确实需要很多数学过程。

学会量子力学的数学框架还是比较容易的。但是，量子力学毕竟不仅仅是一套计算的工具，她还是我们对于自然界的一种看法。量子力学引进的新概念具有非常深刻的含义，正因为深刻，使得许多人对量子力学中新概念的理解存在很大的偏差或者不是很正确。学习量子力学最怕的也正是初学者那种"天马行空，不着边际"的幻想。具备最基本的物理和科学素养对学习量子力学是很重要的。还有，书中给出的思考题和书末尾给出的思考题参考答案，会有效地帮助初学者加深对量子力学的理解，值得初学者认真去思考。本书尽量做到比较简洁和清楚地介绍量子力学的概念体系，这些介绍的根据都来自量子力学的正统解释(即哥本哈根解释)。量子力学中还有一些争论一直都没有停止过，对于这些“高深的”和新颖的理论，初学者可以暂时不去理会。

量子力学对很多物理现象的描述常常有悖于我们的日常经验。这些显然是我们理解量子力学本质时必然会遇到的困难之处。例如：①物质粒子的波粒二象性。就是说，实物粒子具有波动和粒子二象性。通俗地说就是一个实体有时像波，有时又像粒子。②完全的随机性。在量子力学中，每一次测量某个力学量，所得结果一定是该力学量算符所对应的本征值中的一个，至于是哪一个本征值则完全是随机的。这种量子力学下的随机性也是很不容易理解的。③量子纠缠。可以说，目前还没有人真正理解量子纠缠背后的本质。有人说，量子纠缠是超时空的。假想有一个自旋为零的粒子分裂成两个电子(一正一负的电子对)，当电子 1 的自旋发生翻转时，电子 2 的自旋也会瞬时发生翻转，这里的“瞬时”是非常难以理解的。④薛定谔的猫：量子叠加态。存在一个中间态，猫既不死也不活(或者说，既是死的也是活的)，直到进行观测后才能决定死活。⑤波函数的坍缩，等等。对于这些一时难以理解的概念，不要一开始就形成固定的“观念”，而是要不断地修正自己的看法。

以上是阅读量子力学书籍时可能遇到的主要的一些难点。可以说，现在世界上可能并没有一个人能够真正理解上述提到的所有问题。尽管如此，量子力学还是一个非常有用的、引人入胜的科学理论。从量子力学的基本原理出发经过数学的演绎，所得结果可以和实验结果与人类实践符合得非常好。量子力学与相对论的出现，不仅给现代物理学提供了强有力的数学处理方法，也使人类的世界观(自然观)发生了深刻的变化。量子力学深入到微观领域之后呈现了许多新的特征(例如，完全的随机性和非定域性)，这些特征也引起了哲学上相当活跃的讨论。不仅物理学家开始热衷于哲学议论，甚至社会学家、历史学家等都在讨论量子力学的新观念。本书虽然会少量涉及量子力学的哲学议论，但一般不会展开讨论。如果能够使用“哥本哈根解释”的地方，就会尽量采用这套所谓的量子力学的正统解释。

学习量子力学的另一个难点在于理解书中的5个基本假设。有的基本假设显得非常让人困惑，例如：为什么一个力学量要用算符来对应？这与我们在经典物理学中的经验是完全不同的。为什么只有这5个基本假设，而不是6个？从这5个基本假设如何能够完整地推出量子力学中的各种推论？理解这些可能对初学者也是相当困难的。在量子力学的学习中，没有必要提倡去认真钻研每一个基本概念。对大多数学生来说，知道如何开展数学运算就算不错了。量子力学中有些概念的基础至今还在争论中，对同一概念也可能有五花八门的解释，有的争论甚至有专著出版。对于这样的概念，大多数读者应该先绕过去，暂时不予深思。

普朗克就相信，从事实出发的逻辑推理有一股不可抗拒的力量。这就是说，基于数学的“严格的”逻辑推理是我们学习物理的强大工具。我们都知道，做习题是学习物理非常重要的一个环节。所以，学习量子力学，通过做习题来提高理解也是非常必要的。但是，这对于一般的泛泛学习量子力学的读者来说可能有很大的困难(也显得没有那么必要)。对于攻读量子力学课程的学生来说，做习题不仅能够帮助理解量子理论的基本概念，还有助于理解为什么量子力学是科学史上最精确的能被实验检验的理论，是科学史上最成功的理论。

杨振宁曾经提到，学习方法有两种：一种是演绎法，一种是归纳法。以经典电磁理论的学习为例：对于演绎法，应该先学习麦克斯韦方程组，然后通过数学的演绎，导出各种各样的结论或推论(这应该是“学霸”的学习方法了)。对于归纳法，则是从静电场和静磁场开始，慢慢往更加复杂的电磁现象讨论，最后才归纳到麦克斯韦方程组来(这像是“学渣”的读书方法)。也就是说，读书大体可分为“凡夫俗子读书法”和“学霸读书法”(此处可能会引起不同意见)。我们手里的普通物理中的“电磁学”教科书似乎大多数都是使用了归纳法，显然这已经预先把所有的大学生们都当成凡夫俗子来看待了(这也许正是物理系的学生在学习了“电磁学”之后通常还要学习“电动力学”课程的原因吧)。

思考题

1.1　牛顿力学与量子力学适用的范围分别是什么？

1.2　确定性是经典力学的本质，如何理解经典力学中的拉普拉斯确定性？

1.3　牛顿力学与量子力学在本质上的不同点是什么？

1.4　社会科学和自然科学对于正确性的判据有什么不同？

1.5　为什么对量子力学的建立起主要作用的会是一群年轻人？

第2章 经典物理学的困境

2.1 牛顿三个运动定律遇到了问题

牛顿(图 2.1)的三个运动定律是经典力学的基石,从 17 世纪开始就统领人类对整个宏观世界中物体运动的描述。但是,在微观世界领域,牛顿的力学遇到了根本意义上的困难。换句话说,牛顿的这些定律在微观领域有时是完全不对的(有时是近似正确的)。本节将逐个指出牛顿三个定律的不完善之处。

图 2.1 牛顿画像

2.1.1 对牛顿第一定律的讨论

“一个自由的粒子,它的运动状态会如何?”这个问题的答案在牛顿力学中可能表述为“要么停着不动，要么作匀速直线运动”，这就是牛顿第一运动定律。但是，既然是自由的粒子，凭什么要停在空间的某一点(停住不是反而显得不那么自由了吗)? 又凭什么要沿着某个特定的方向作匀速运动(沿某一方向运动又显得有点被迫了，即不那么自由了)。自由的含义似乎意味着应该可以沿着任意的方向作任意状态的运动。看来牛顿力学的这个基础有一些问题。我们来分别讨论和对比一下经典物理学和量子力学对自由粒子运动的解释。

(1) 牛顿力学对某一时刻运动状态的描述是基于前一时刻粒子的运动状态，如果在某前一时刻粒子停着不动，或作匀速直线运动，那么对于一个“自由”的粒子来说，这种运动状态此后将保持下来。或者说，由于是一个“自由”的粒子，那么将没有净力可以改变它原来的运动状态，从而将继续保持静止不动或作匀速直线运动。也就是说，粒子会在空间的哪一点，以及会作什么方向和什么速度的运动，完全取决于粒子在这之前的状态(以及受力情况)。事实上，在我们日常生活中还没有碰到过自由粒子的情况，遇到的可能都是总合力为零的粒子，因为还不存在不受力的宏观粒子。牛顿力学似乎也还没有被用到完全自由的粒子上，而只用到净力为零的情况。但是不管怎样，至少在牛顿力学中还没有将自由粒子的运动状态描述为：粒子处在空间任意位置的概率是一样的(这是量子力学的描述)。

(2) 在量子力学里面，对自由粒子状态的描述是：对于一个自由粒子，在空间中的任意一点找到该粒子的概率是一样的。因为既然是自由粒子，那它确实完全有理由出现在任何地方(不是同时出现在任意地方！这一点即便对物理系的学生来讲也是容易混淆的)，而且出现在任一地方的机会是一样的。量子力学中，自由的粒子没有理由停在空间的某一点(这样显得不自由)，也没有理由沿着某个方向作匀速运动(这种运动状态是被迫的)，它完全可以出现在空间中的任何一点。但是，值得特别注意的是，一旦捕捉到该粒子，它表现出来的就是一整个粒子，有明确的质量、电荷和自旋等。这样看来，量子力学的描述能够更好地体现自由粒子中“自由”二字的含义。也可以说，量子力学的哲学基础比牛顿力学的哲学基础更加先进(这里讨论的只是经典力学和量子力学的哲学基础之一)。理解“对于自由粒子，在空间中的任意一点找到该粒子的概率是一样的”，对理解量子力学是极其重要的，它在逻辑理解上其实并没有什么问题。同样地，理解这一点对阅读本书也是很重要的。

似乎古代的中国对物体的运动早就有了“珠子走盘，灵活自在，实无定法”之说，即试图说明珍珠在圆盘中的滚动“实无定法”。这种说法在“形式上”与牛顿第一定律有所相悖(即与应该作匀速直线运动相违背)。所以这种说法似乎表明，我们的祖先好像很早就已经部分地(哪怕只是部分地)认识到了量子力学的基础，即自由粒子的运动应该“实无定法”。可惜的是，没有后来人将这个思想加以归纳，进行数学化以及做物理解释。没有数学化的想法在物理上是没有用处的，因为没有数学化也就没有办法再做进一步的数学演绎，也就无法产生新的结果和推论。类似的事情在中国历史上应该还有很多，我们的祖先很多时候都能够做非常抽象的哲学思考，而往往缺少再进行具体推论的能力(数学化的能力)。笔者认为，只有基于数学的推演才是最有力和最完整的。

以上讨论了这么多，在物理课本中的表达就是一句话：自由粒子的波函数是平面波。一个自由的电子可以处在空间中的任意位置，等价于“平面波的平方等于常数”(严格地写，这里的“平方”应该是模的平方，称为“模方”，但是本书暂不区分波函数的平方和模方)，这个常数就意味着在空间任一位置找到该电子的概率相等(但这并不是说，电子是弥散在整个空间的。实际上，一旦找到该电子，那么找到的将是一整个电子)。最后，为什么说用概率的表达显得比较合理呢？因为自由粒子确实是应该等概率地出现在空间的任意一点上。总而言之，与经典物理学相比，量子力学的描述能够更好地体现自由粒子中“自由”二字的含义。

在一次餐会上，我们不知为何竟然谈到了量子力学的根本问题。于是我问道：“如果完全没有约束(当然是指物理约束，而不是道德约束)，一个完全自由的你会怎么样？”一个朋友说：“那我会在空中随意地到处飘！”哇！这位朋友的直觉竟然相当正确！这刚好比较符合(不严格地)量子力学中一个自由粒子的运动图像。而另一个朋友则说：“那我就回去睡觉，或者坐高铁回家看父母。”天哪！这个回答也是如此的奇妙，它刚好比较符合经典力学中一个自由粒子的运动图像，也就是自由的经典粒子要么在某一点上不动（在床上睡觉），要么作匀速直线运动（在高铁上）。总之，前一朋友的回答确实是相当合理的，而后一位朋友的回答只是作者的玩笑罢了（经典情况下是合理的）。

2.1.2 对牛顿第二定律的讨论

我们先来看看牛顿力学是如何描述物体的运动的。有人说，力是物体运动的原因，或者说，物体的运动是因为在其运动方向上被施加了力的缘故，这种说法有很大的误解。试想在广阔的北极冰面上，有一个滑动了很长距离的物体（假设摩擦力非常小），这种情况下，物体虽然在运动但是并没有受到净力的作用，即没有在物体运动的方向（滑动的方向）上被施加力。可见，力不是物体运动的原因。其实，力是物体运动发生改变的原因。对物理系的学生而言，这是很容易理解的：因为牛顿第二定律告诉我们 $\boldsymbol{F}=m\boldsymbol{a}$，$\boldsymbol{F}$ 为物体所受的力，$\boldsymbol{a}$ 为物体运动的加速度，以及 m 为物体的质量。这个公式告诉我们，力是引起加速度的原因，而不是引起速度（或运动）的原因。因为加速度来自于速度的变化（速度不变，就没有加速度），可见也可以说，力是物体的运动速度发生变化的原因。力与加速度总是在同一个方向上，但是物体的运动方向可以和力或者加速度的方向相反，汽车的刹车便是一个简单的例子。

以上是经典力学对物体运动定律的描述。那么，在微观世界里的情况又是怎么样的呢？前面多次提到，一个自由的（也即没有受到约束的）微观粒子的状态被描述成：可以处在空间的任意一点上，而且处在各点的概率一样（即波函数为平面波）。可见，只有对粒子进行"约束"（或散射），从而使其不再是自由粒子，才能改变这个微观粒子的平面波状态。换句话说，如果对粒子进行了某种约束，那么在空间各点找到该粒子的概率就不一样了（粒子的波函数就不再是平面波了），粒子处在有约束的区域的机会就会多一些。由此可以看到，量子力学下的所谓约束大致可以对应于经典力学中力的地位。力是经典粒子的运动发生改变的原因，而约束则是量子力学粒子的波函数偏离平面波的原因。约束在量子力学中对应于一种被称为"势能函

数 V”的东西($V<0$ 的情况,也称为势阱; $V>0$,对应于一种势垒散射),它是一个数学表达式,将被包含到量子力学最基本的运动方程当中(将在下面的章节中讨论)。

总之,从上面的讨论可以看到,经典力学的应用基本上就是先受力分析,然后求解牛顿第二定律的运动方程;而量子力学的应用基本上是先确定好约束(或者说写出 V 的函数),然后求解量子力学的基本方程——薛定谔方程,或各种等价形式的量子力学方程。

现在,我们来看看“为什么需要在量子力学中抛弃牛顿第二定律了”。也就是说,为什么在量子力学中我们必须抛弃轨道、瞬时速度、瞬时加速度这样的概念?正是这些概念的“不适用”将直接导致我们必须放弃牛顿第二定律。这个问题也是大学生最喜欢问的问题之一。答案可以从多方面进行说明。这里,我们只简捷地给出两方面的理由:

(1) 既然粒子可以是完全自由的,那它确实完全有理由出现在任何地方,而且出现在任一地方的概率是一样的,这就意味着粒子运动轨迹的概念是不合时宜的。如果轨迹的概念是不好的,那自然而然速度的概念就是不对的;而如果速度的概念是不对的,那当然加速度的概念就是不对的了。如果加速度没有了,那牛顿运动方程就无法运用了。由此可见,量子力学的框架应该完全不同于牛顿力学的框架。

(2) 对于一个微观粒子(如一个电子)而言,它的轨迹、瞬时速度和瞬时加速度是不可观测的量(不过,系统可以有平均速度和平均加速度等)。这种不可观测的量是应该被抛弃的,这是量子力学的逻辑。也就是说,量子力学是建立在可观测量的基础上的。其实,这是很有道理的,既然根本就不能测量出电子的轨迹、速度和加速度(指瞬时速度和瞬时加速度),说明电子的轨迹、速度和加速度在微观领域里都是不好的物理量,应该抛弃它们。一个重要的例子就是原子中作“轨道”运动的电子,这时电子的位置、轨道、速度以及加速度都是不可测量的,所以在原子物理中这些概念都被抛弃了。

2.1.3　对牛顿第三定律的讨论

牛顿第三定律的表述为:“作用力和反作用力大小相等,方向相反。”这个定律也是存在问题的,主要是因为它隐含着一种瞬时的相互作用,即相距一定距离的两个粒子之间的力与反作用力是瞬时传递的。但是,按照近代物理学的观点,力是通过场以有限的速度传递的,这个传递速度不能大于光速。所以,一个粒子对其他粒子的作用要经过一定的时间才能到达。而在这段时间内,粒子间的距离以及作用力的大小和方向可能都已经发生了变化。这就使得某一瞬间两个粒子之间的"作用力大小相等,方向相反"这样的关系不再成立。一个简单的例子是,相距一定距离的两个点电荷之间的作用力和反作用力就可能不相等,因为力的传递是需要时间的。在量子力学里,力的概念已不再处于中心地位,牛顿力学在微观世界中也不再适用(绝大多数情况下)。但是,应该注意,像能量守恒、动量守恒和角动量守恒等这些守恒定律在微观领域或量子力学下都还是正确的,因为这些守恒律有着更加普遍,非常深刻的自然根基,即对称性(参见附录 B)。

2.2 量子论创立之前的经典物理学

到 19 世纪末,经典物理学似乎已经征服了全世界,它的理论框架可以描述人们所知的一切现象。古老的牛顿力学历经风吹雨打而始终屹立不倒,反而越来越凸显出它的坚固。从地上的石头到天上的行星,万物都遵循着牛顿给出的规律而运转着。1846 年海王星的发现,更是牛顿力学所取得的伟大胜利。另外,随着 1887 年赫兹从实验上证明麦克斯韦方程组所预言的电磁波的存在之后,与经典力学体系一样雄伟壮观的经典电磁理论也建立起来了。麦克斯韦的电磁理论在数学上完美得让人难以置信,作为其核心的麦克斯韦方程组简洁、对称、深刻得使每一位科学家都陶醉其中。无论从哪个意义上说,经典的电磁理论都是一个伟大的理论。它的管辖领域似乎横跨了整个电磁波频段,从无线电波到微波、从红外线到紫外线,从 X 射线到 γ 射线……所有的运作规律都由麦克斯韦方程组很好地描写着,而可见光区域不过是一个小小的特例。所以,光学领域可以用电磁理论来覆盖。至于热学领域,热力学三大定律已经基本建立(第三定律已经有了雏形),在克劳修斯、范德瓦耳斯、麦克斯韦、玻尔兹曼以及吉布斯等的努力下,分子运动论和统计热力学也成功地建立了起来。非常重要的是，这些理论之间可以彼此相符而又互相包容。经典力学、经典电磁学和经典热力学(加上经典统计力学)构成了当时经典物理世界的三大支柱。

现在，我们可以来定义一下什么是经典物理学家和经典物理学了：19世纪以来，由牛顿力学和麦克斯韦电磁理论培育起来的物理学家就可以称为经典物理学家。而经典物理学当然包含上面讲到的牛顿力学、麦克斯韦电磁理论以及经典热力学和统计力学。

这是经典物理学的黄金时代，物理学的力量似乎从来都没有这样强大过。从当时来看，几乎我们所知道的所有物理现象都可以从现成的物理理论那里得到解释。力、热、光、电、磁等一切的现象，似乎都可以在经典物理学理论的框架之内得以描述。以致一些著名的物理学家都开始相信，所有的物理学原理都已经被发现，物理学已经尽善尽美，再也不可能有什么突破性的进展了。如果说还有什么要做的，那就是做一些细节上的改进和补充了。一位著名的物理学家说："物理学的未来，将只能在小数点第六位后面去寻找。"普朗克的导师甚至规劝他不要再浪费时间在物理学上。普朗克的导师这样说："物理学是一门高度发展的、几乎是尽善尽美的学科……这门学科看来很接近于采取最稳定的形式。也许，在某个角落还有一粒灰屑或一个气泡，对它们可以去研究和分类，但是作为一个完整的体系，那是建立得足够牢固的；理论物理学正在明显地接近于几何学在数百年中所具有的那样完善的程度。"这个说法在当时是非常有代表性的，也非常恰当地反映了19世纪末经典物理学已经达到了鼎盛的水平。19世纪末这样的伟大时期在科学史上也是空前的。但是，我们很快就会看到，经典物理学还有一些难以克服的困难，这样强大的物理学帝国终究也只能是昙花一现，量子的革命将席卷整个物理学帝国。不过，命运在冥冥之中也注定了"量子"的观念必须在新的世纪(20世纪)才会出现。

在叙述量子力学的发展史时，关于"两朵乌云"的比喻是如此著名，以至于似乎在所有量子力学史的书籍里都会涉及。所以，我们也花费一两页的篇幅简单讨论一下。

1900年4月，新的世纪刚刚来临不久。在伦敦的皇家研究所(Royal

Institute, Albemarle Street)有一个非常重要的科学报告会正在进行。包括欧洲有名的科学家都来聆听德高望重的开尔文男爵(图 2.2)在新世纪做关于物理学的发言。开尔文在名为"在热和光的动力理论上空的19世纪的乌云"的演讲中,讲到了这样一句话:"The beauty and clearness of the dynamical theory, which asserts heat and light to be modes of motion, is at present obscured by two clouds." 这就是在叙述量子力学的发展中,非常著名的所谓"两朵乌云"的说法。这句话的最优美(但可能也是偏离原文最多)的翻译是:"在物理学阳光灿烂的天空中还飘浮着两朵小乌云。"这两朵著名的乌云分别指的是人们在"以太"研究和"黑体辐射"研究上遇到的困境。

图 2.2 开尔文男爵

第一朵乌云实际上就是指迈克耳孙-莫雷实验。这个实验本身是极其重要的,它直接预示了"以太"这个经典时空观所依赖的物质是完全可以被抛弃的。当相对论被提出之后,"以太"的概念更是自然而然退休了。我们还是来简单地看一下迈克耳孙-莫雷实验:这个实验的用意就是要探测光以太对于地球的漂移速度。因为以太在当时被认为是代表了一个绝对静止的参考系,所以地球的运动必定要在以太中穿行。也就是说,地球就像是一艘在高速航行的船,迎面一定会吹来强烈的"以太风"。迈克耳孙和莫雷采用了最新的干涉仪,并把实验设备放在一块大石板上,再把大石板放在一个水银槽上,这样把干扰的因素降到了最低。但是实验发现,两束光线根本就没有表现出任何的时间差(光程差)。换句话说,"以太"似乎对穿越其中的光线不产生任何影响(即光线根本就没有感觉到有"以太风"的存在)。迈克耳孙和莫雷的实验结果在当时的物理学界引起了轰动。这个实验无情地否定了经典物理学假设的这种无处不在的媒介。当时,不相信经典物理学在这里存在问题的洛伦兹等提出,物体在运动方向上会发生长度的收缩,从而使得"以太"相对于地球的运动速度无法被观测到。这当然也只能继续短暂地保留"以太"的概念,爱因斯坦狭义相对论的提出彻底抛弃了"以太"。更多的关于这朵“乌云”的内容请参考其他书籍。

第二朵“乌云”指的是黑体辐射问题。当时，还没有一个完整的理论公式可以描述黑体辐射的整个实验谱。黑体辐射在量子力学的发展中有非常特殊的意义，因为“量子”的概念就诞生在普朗克试图解决黑体辐射的理论困难之时。所以，我们将在第3章仔细探讨这个问题。

在开尔文报告的听众中，大概没有人会想到，开尔文提到的两朵小“乌云”对于物理学和整个科学将意味着什么。可能谁也想象不到，正是这两朵“乌云”会给整个物理学界(由此延伸到整个世界)带来前所未有的狂风暴雨式的革命。实际上，基于这两朵“乌云”的新物理学彻底摧毁了旧的物理学大厦，并重新建造了两栋更加壮观宏伟的新大厦。由第一朵“乌云”，最终导致了狭义相对论革命的爆发；由第二朵“乌云”，则最终导致了量子论革命的爆发。

2.3 经典物理学遇到的困难

19世纪末至20世纪初，经典物理学一方面被认为已经发展到了相当完善的地步，但是另一方面也遇到了一些严重的困难。这些困难在各类量子力学书籍中都有比较详细的叙述。所以，我们仅在此给出比较简要的讨论。

经典物理学遇到的主要困难包括以下几方面。

(1) 黑体辐射问题(即上面提到的第二朵“乌云”)。19世纪末，人们已经认识到热辐射和光辐射一样都是电磁波，但是在黑体辐射的能量随辐射频率的分布问题上，还没有办法给出一个完整的公式。普朗克首先给出(猜出)了一个完美的黑体辐射公式，随即便革命性地引入了“量子”的概念。可以看到，黑体辐射问题与量子论的诞生密不可分，是最重要的一个经典物理学遗留下的问题。3.1节还将详细地谈到这个问题。

(2) 光电效应问题。赫兹在1888年就发现了光电效应，但他没有给出任何解释(赫兹英年早逝)。1896年，J. J. 汤姆孙通过气体放电和阴极射线的研究发现了电子。之后，人们认识到光电效应是由于紫外线的照射，大量电子从金属表面逸出的现象。通过基于麦克斯韦方程组的光子理论，即经典的电磁波理论，人们无法解释光电效应的实验事实。成功地解释光电效应是爱因斯坦的贡献，我们还将在 3.2 节中给出比较详细的描述。

(3) 原子的线状光谱。最原始的光谱分析始于 17 世纪的牛顿时代，19 世纪中叶之后才得到迅速发展。人们已经使用不同元素特有的标志谱线来做微量元素的成分分析。但是，原子光谱为什么不是连续的，而是呈分立的线状光谱？这些线状光谱产生的机制是什么？……这些问题要等到玻尔的量子论原子模型提出之后，才能得到理解。

(4) 固体比热的问题。按照经典统计力学，固体的定容比热应该是一个常数，即所谓的杜隆-帕替定律(1819 年)。但是后来的实验发现，在极低温下固体的比热趋于零(实际上，多原子分子的比热也存在类似的问题)。这种实验和理论不相符的现象是个严重的问题，它明确预示着理论的出发点可能存在问题。解决固体比热问题的第一功臣也要归于爱因斯坦。

(5) 原子的稳定性问题。1904 年，J. J. 汤姆孙提出了一个所谓的“葡萄干布丁”原子模型：即正电荷均匀地分布在原子中，而电子则作某种有规律的排列(像葡萄干一样嵌在布丁中，图 2.3)。1911 年，卢瑟福用 α 粒子去打击原子，发现原子中的正电荷集中在一个很小的区域中而形成“原子核”，电子则围绕着原子核运动。但是，卢瑟福的原子模型在经典物理学看来存在“稳定性”的问题，即电子在核外作加速运动将不断辐射而丧失能量，最终会“掉到”原子核里去。原子稳定性问题的解决当然需要量子力学，我们会在 3.3 节继续讨论原子的稳定性问题。

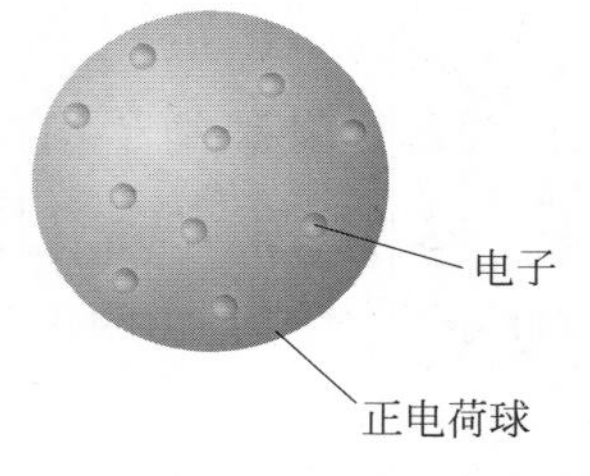

图 2.3 “葡萄干布丁”原子模型

除了以上这些经典物理学所遇到的主要困难，在 19 世纪的最后几年实际上还连续发生了其他一些事情，它们对经典物理学也是一种“不祥之兆”(也可以说是新的革命性的力量)。例如：

(1) 1895 年，伦琴发现了 X 射线；

(2) 1896 年，贝可勒尔发现了铀元素的放射现象；

(3) 1897 年，居里夫人和她的丈夫研究了放射性，发现了更多的放射性元素，如镭、钍、钋；

(4) 1897 年,J. J. 汤姆孙在研究了阴极射线后认为它是一种带负电的粒子流,从而发现了电子;

(5) 卢瑟福发现了元素的嬗变现象。

思考题

2.1 有人说,力是物体运动的原因。或者说,物体的运动是因为在其运动方向上被施加了力的缘故。这些说法对吗?

2.2 汽车在路面上的行驶,加速和刹车靠的是什么力?

2.3 "作用力和反作用力大小相等,方向相反"(牛顿第三定律)正确吗?

2.4 在卢瑟福和玻尔的有核原子模型中,经典物理学遇到了怎样的困难?

2.5 为什么电磁波可以传得很远?即便在没有介质的空间中(如通常的真空中),为什么电磁波也可以传播?

第3章

旧量子论时期

3.1 新世纪来临：普朗克的突破

普朗克(图 3.1)于 1858 年 4 月 23 日出生在德国的基尔，父亲是一位著名的法学教授。他的祖父和两位曾祖父都是神学教授。1867 年，普朗克一家搬到了慕尼黑，于是普朗克便在慕尼黑完成了他的中学和大学教育。普朗克保持着古典时期的优雅风格，对音乐和文学有着浓厚的兴趣，也表现出非凡的天分。早年他曾经在音乐和科学之间摇摆不定，从中学时期起，普朗

图 3.1 普朗克

克的兴趣开始转到自然科学方面。如果说德国失去了一位优秀的音乐家或文学家，却得到了一位深刻影响人类历史的科学巨匠。

普朗克读大学时正是经典物理学的黄金时期，看起来物理学的大厦已经基本建成，剩下的只是进行一些细节的修补。在这种情况下从事理论物理的研究看起来是一个很没有前途的工作。难怪普朗克的导师曾劝他不要把时间浪费在物理学这个没有多大意义的工作上。还好，普朗克委婉地表示，他只是想把现有的东西搞清楚，他读物理只是出于对自然规律和理性的兴趣。现在看来，普朗克的上述"很没有出息"的表示却成就了物理学历史上最伟大的突破之一——"量子"概念的提出。我们当然也为普朗克的决定感到幸运。

1879 年，普朗克在慕尼黑大学获得博士学位，随后在基尔大学和慕尼黑大学任教。1887 年，普朗克接替基尔霍夫，来到柏林大学担任理论物理研究所的主任。普朗克原来的研究领域是经典热力学，但是 1896 年起他开始对黑体辐射产生极大的兴趣，这主要是因为受到了维恩的黑体辐射公式以及相关论文的影响。普朗克就这样不知不觉地走到了时代的最前沿。

为什么大家对黑体辐射感兴趣呢？原来 19 世纪后半叶炼钢工业发展很快，而炼出的钢的质量与钢水的温度有密切的关系。但是当时并没有传统的温度计可以测量炉内钢水的温度，所以炼钢工人只能凭经验从钢水的颜色来判断钢水的温度。在这种背景下，物理学家希望能够通过黑体辐射的特征曲线来帮助人们科学地定量判断一个黑体的温度。值得注意的是，炼钢炉上开一个观察用的小孔正好就是一个非常接近理想的黑体。可见，19 世纪冶金高温测量技术的发展推动了对热辐射的研究。

到 19 世纪末，人们已经认识到热辐射与光辐射一样都是电磁波。热辐射是物体由于具有温度而辐射电磁波的现象，是一种物体用电磁辐射的形式把热能向外散发的传热方式，它可以不依赖任何外界条件而进行。热辐射的光谱是连续谱，原则上波长可以覆盖整个频段，我们日常常见的热辐射主要靠波长较长的可见光和红外线传播。1894 年，维恩从经典热力学的思想出发，假设黑体辐射是由一些服从玻尔兹曼理论的分子发射出来的，然后通过缜密的演绎，导出了辐射能量的分布定律，也就是著名的维恩公式。很快,帕邢对各种固体的热辐射的测量结果都被发现很好地满足了维恩公式。但是,维恩的同事卢梅尔和普林舍姆在 1899 年报告,当把黑体加热到近千摄氏度时,测量得到的短波范围的曲线与维恩定律符合得很好,但在长波长时的实验与维恩理论不再相符。

维恩定律在长波长情况下的不适用引起了英国物理学家瑞利的注意,他试图去修改维恩公式。他的做法是抛弃玻尔兹曼的分子运动假设,简单地从麦克斯韦(图 3.2)的理论出发,最终推出了瑞利公式。后来,另一位物理学家金斯计算出了(纠正了)瑞利公式中的常数,这样就构成了今天我们看到的瑞利-金斯公式。瑞利-金斯公式只在长波长的区域与实验数据符合,但在短波方面是失败的。因为当波长趋于零(也就是频率趋于无穷大)时,瑞利-金斯公式显示,辐射能量密度将无限制增长,这显然是不对的(这被称为"紫外灾难")。

图 3.2 麦克斯韦

现在,摆在普朗克以及大家面前的有两个公式,即维恩公式和瑞利-金斯公式,它们分别只在短波长和长波长的范围内适用。普朗克很早就知道有维恩公式,而瑞利公式是 1900 年 10 月初才由实验物理学家鲁本斯告诉普朗克的。尽管如此,普朗克应该早已知道黑体辐射能量的长波极限。

普朗克对上述两个公式的推导并不成功。后来，他“无意”中凑出了一个公式，这个公式能够很自然地在短波区域趋于维恩公式，而在长波区域趋于瑞利-金斯公式。或许有人认为普朗克得到他的公式真的是无意的，但是我们应该知道，普朗克在黑体辐射这个问题上已经耗费了 6 年的时光，6 年之间的所有努力可能都与这个“无意”有关联。普朗克找到的辐射公式是

$$E_\nu \mathrm{d}\nu = \frac{c_1 \nu^3}{\mathrm{e}^{c_2 \nu / T} - 1} \mathrm{d}\nu$$

式中，ν 为频率，T 为温度，c_1 和 c_2 为常数，E_ν 为辐射能量密度。1900 年 10 月 19 日，普朗克在柏林物理学会的会议上提出了上述公式，并请求给予验证。第二天上午，普朗克的亲密同事鲁本斯便来拜访普朗克，说他在会议结束的当晚就仔细对比了他的测量数据与普朗克公式，发现结果符合得非常好(图 3.3)。后来，实验上原本认为的与普朗克公式的偏差也被证明是计算误差造成的，并不是普朗克公式的问题。接下来的实验测量也一再证实了普朗克的辐射公式(测量方法越精密，结果与普朗克公式符合得越好)。

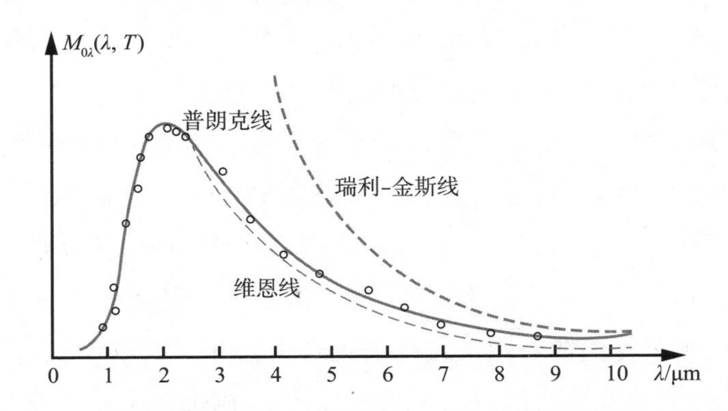

图 3.3 普朗克公式与维恩公式以及瑞利-金斯公式的结果对比

普朗克公式虽然是靠经验猜出来的，但是它却如此优美而简单，与实验数据又符合得这么好，这绝非偶然。在这个公式的背后一定蕴藏着尚未被我们发现的、非常重要的科学原理。那么，它到底是建立在怎样的理论基础之上的呢？这个公式为什么管用？这些问题连公式的发现者普朗克本人都不知道。但是，普朗克十分清楚，即便人们完全肯定了这个新的辐射公式，承认它的绝对准确和有效性，倘若把它仅仅看成是侥幸推测出来的一个内

插公式的话，那么这个公式就只有形式上的意义而已。所以，普朗克给自己提出了一个极其重要的课题：赋予这个公式以一个真实的物理意义！多年以后，普朗克在给他人的信中这样写道："当时，我已经为辐射和物质奋斗了6年，但是一无所获。但是我知道，这个问题对于整个物理学至关重要，我也已经找到了确定能量分布的那个公式。所以，无论付出什么代价，我必须找到它在理论上的解释。而我也非常清楚，经典物理学是无法解决这个问题的……"普朗克也清楚，如果从玻尔兹曼运动粒子的角度来推导黑体辐射定律，那会得到维恩公式；要是从麦克斯韦电磁辐射的角度来推导辐射定律，就会得到瑞利-金斯公式。那么，新的辐射公式到底要从粒子的角度还是波的角度来推导呢？在经历了种种尝试和失败之后，普朗克发现，他必须接受统计力学的立场，把熵和概率的概念引入系统中。普朗克在经历了"一生中最忙碌的几个星期"之后，他终于看见了黎明的曙光。普朗克终于明白，为了使上述普朗克辐射公式成立，必须做一个革命性的(有重大的历史意义的)假设，这就是：能量在发射和吸收时，不是连续不断的，而是分为一份一份的进行。这"一份一份的"就是所谓的"量子"(量子是能量的最小单位)！所谓量子力学字面中的量子二字也是基于这个意思。

普朗克假设黑体的电磁辐射的能量是一份一份的("量子"的意义之所在)。如果真是这样，那么首当其冲应当受到质疑的便是麦克斯韦伟大的电磁理论。有趣的是，普朗克并不认为这里面有什么问题，因为普朗克认为他自己的"量子假设"并不是真的物理实在，而纯粹只是为了方便而引入的一个假设而已，所以麦克斯韦理论在普朗克看来并非一定会受到冲击。可见，当时普朗克并没有认识到他自己理论的伟大历史意义。或许是因为年纪比较大的缘故，普朗克在物理上是相当保守的。面对在量子概念被提出之后继而发生一系列革命性的事件时，普朗克简直难以相信，并为此惶恐不安。当然，我们并不能因此而否定普朗克对量子论所做出的决定性的贡献。虽然普朗克的公式在很大程度上是从经验中得来的，但是他以最敏锐的直觉给出了"量子"这个无价的假设，这本身就是无价的。可以说，普朗克为后人打开了一扇通往全新的未知世界的大门，无论从哪个角度看，他的工作的伟大意义都是不能被低估的。

普朗克关于量子假设的划时代的论文于1900年10月19日和12月14日在德国物理学会上宣读，后于1901年发表在《物理学年鉴》上。1900年12月14日这一天，被公认为是量子的诞辰日。一个物理理论或物理概念能够有一个大家公认的确切的诞生日，这本身就是非常有趣的。几年之后的1905年，爱因斯坦的几篇划时代论文也是发表在《物理学年鉴》上，可见当时德国是世界物理学发展的中心。普朗克在论文发表20年后的1920年，因发现“量子”而获得了诺贝尔物理学奖。

有趣的是，普朗克在发现量子后的多年间一直力图推翻自己对物质和辐射的革命性思想(有点像自己跟自己过不去)。“要想给经典物理学家讲通量子理论，比给初学者讲还要难得多”，普朗克就是这样的情况。对于量子论的发展，普朗克感到惊讶，并且不敢接受所发生的一切。普朗克做梦也没有想到，他的工作何止是仅仅改变了物理学的面貌，整个化学也被摧毁和重建了。神奇的量子时代就这样拉开了帷幕。

3.2　光电效应

在普朗克革命性地提出量子的概念之后的四年多的时间里，整个物理学界的境遇并没有发生什么大的变化。普朗克本人几乎也是“抛弃”了他自己提出的“量子”(因为他一直在寻找自己理论的经典物理解释)，而且大多数人都不去追究普朗克公式背后的意义。但是毕竟，物理学上空的“乌云”正变得愈加浓厚，一场暴风雨看来是不可避免了。

这一道劈开天地的闪电就是所谓的“光电效应”。这是一个由伟大的科学家赫兹最早描述的实验现象，它在量子力学的发展过程中也有非常重要的意义。爱因斯坦就是因为从理论上正确解释了光电效应而获得1921年的诺贝尔物理学奖。当然很多人会问，爱因斯坦为何不是因为发现相对论而获诺贝尔奖的呢？这里面有一些很有意味的故事，请参考其他相关书籍(因为它偏离了我们故事的线索)。鉴于光电效应(图3.4)的重要性，让我们来详细描述一下。

当光照射到金属上时，就会从金属表面打出电子。也就是说，原本被束

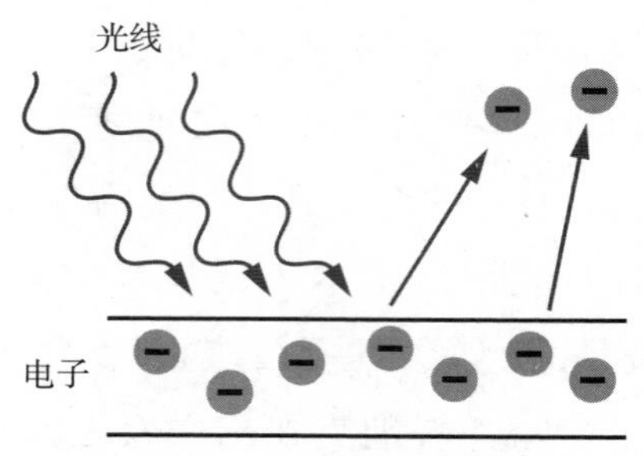

图 3.4 光电效应示意图

缚在金属表面原子(或内部原子)中的电子,当暴露在一定的光线下时,电子就会从金属中逃出来,我们称这种电子为“光电子”。这种光与电子之间的奇妙现象,被称为光电效应。光电效应的两个主要事实是:①对于某种特定的金属来说,电子是否能够被光从金属表面打出来只与光子的频率有关。频率低于某个特定值时,则一个电子也打不出来。频率高于某个特定值时,一定能够把电子打出来。频率高的光线能够打出能量高的电子。②增加光线的强度,只是能够增加被打出电子的数量。总之,能不能打出电子,由光的频率决定;能打出多少个电子,则由光的强度决定。

以上便是光电效应。这个效应如果用经典理论来解释,会遇到很大的困难。

金属产生光电效应时都存在一个极限频率(或称截止频率),即照射光的频率不能低于这一临界值。当入射光的频率低于极限频率时,无论多强的光都无法使电子逸出。根据经典的电磁理论,这是很奇怪的(说不通的)。因为光是电磁波,电磁波的能量取决于它的强度,即只与电磁波的振幅有关,而与电磁波的频率无关。所以,似乎只要给光(或者说电磁波)以足够的强度,而不管频率的大小,则电子是一定可以被打出来的。但是实际的情况并不是这样的。光电效应中,所发射电子的能量取决于光的频率,而与光强度无关,这一点也无法用光的波动性解释。因为麦克斯韦理论认为,光能量的吸收应该是一个连续的过程,而且能量可以积累。所以,光的强度恰恰应该决定所发射电子的能量才是。但是真实情况也不是这样的。光电效应还有一个特点,就是它的瞬时性。只要光的频率高于金属的极限频率,光的亮度无论强弱,电子的产生都几乎是瞬时的,不超过 10^{-9}s。但是按照波动的理论，如果入射光较弱，则需要照射一小段时间，金属中的电子才能积累足够的能量，飞出金属表面(即经典理论不能产生瞬时光电子)。

所有这些显示，麦克斯韦理论在光电效应上是与实验相矛盾的，这预示了经典麦克斯韦理论是有缺陷的。但是对于当时的物理学家来说，麦克斯韦方程组还是像“圣经”一样，谁也不敢去损害它的完美。但是，要想解释光电效应，似乎必须突破经典理论。没有天才和最大胆的传奇人物，谁还能放弃麦克斯韦理论呢。做出这个突破的便是物理学大师爱因斯坦(图 3.5)。1905 年，爱因斯坦还只是瑞士伯尔尼专利局里的一名三等技师(他原本申请的是二等)，每天要在办公室工作 8 小时，摆弄形形色色的专利申请。空余时间，爱因斯坦才可以钻研各种他感兴趣的物理问题。1905 年，爱因斯坦在“关于光的产生和转化的一个启发性观点”一文中，用光量子理论对光电效应进行了全面的解释。

图 3.5 爱因斯坦

爱因斯坦的解释就是从普朗克的量子假设那里出发的：普朗克假设能量的吸收或发射是不连续的，而是“一份一份”地进行的。这里有一个基本的能量单位，就是所谓的“量子”。量子的大小由普朗克常量来描述，即 $E=h\nu$，h 即普朗克常量，ν 是辐射或吸收的频率。所以，只要提高频率，便会提高单个量子的能量。有了更高能量的量子,不就可以从金属中打出更高能量的电子吗?爱因斯坦将光看作光量子(或说粒子性)的做法,看来是正确的方向。更何况,提高光的强度,只是增加了光量子的数目罢了,相应地,自然只是打出更多数量的电子而已!对于低频的光来说,每一个光量子的能量都不足以把电子从金属中“激励”出来。所以,含有再多的低频光子都是无用的。对于喜欢公式的物理系学生来说,下式可以很清楚地表达光电效应的意思:

$$\frac{1}{2}mv^2 = h\nu - \Phi$$

这里 v 是被打出的电子的速度,$h\nu$ 是入射的光量子的能量,Φ 是电子从金属中逃逸出来所需的最小能量(即功函数)。这里的关键点是:光是以量子的形式被吸收,没有连续性,也没有积累。一个光子只激发一个电子,而且量子作用是一种瞬时作用。

就这样,在爱因斯坦引入光量子后,光电效应的解释就变得顺理成章,一切就自然而然地和实验事实相符合了。但是,爱因斯坦引入的光量子说是与经典电磁波的图像格格不入的,因为他强调的是光的粒子性。由于当时光电效应实验本身也还没有能够明确地证实光量子假设的正确性(因为当时的实验都还很粗糙),所以,爱因斯坦的光量子理论并没有被多数人马上接受。1915 年,美国人密立根为了证明爱因斯坦的观点是错误的,进行了多次反复的实验。最终结果是非常有趣的:密立根的实验数据非常有力地显示,在所有情况下,光电效应都表现出了量子化的特征。密立根本来想证明爱因斯坦是错误的,实际上反而完美支持了爱因斯坦的观点。爱因斯坦关于光电效应的光量子解释不仅推广了普朗克的量子理论,还为玻尔的原子理论和德布罗意的物质波理论奠定了基础。

3.3 玻色对量子论的贡献

S. N. 玻色(图 3.6)最著名的是他在 20 世纪 20 年代早期对量子物理的研究,该研究为玻色-爱因斯坦统计和玻色-爱因斯坦凝聚提供了理论基础。

玻色子(即自旋为整数的粒子)也是以他的名字命名的。

图 3.6 S.N.玻色

先来了解一下玻色的生平：玻色出生于印度西孟加拉邦的加尔各答，是家里七个孩子中的长子。他的父亲老玻色曾任职于东印度铁路工程部。玻色就读于加尔各答印度教学校，后就读于加尔各答的院长学院(Presidency College)，他在这两所当地知名学府学习时都获得了最高分。读书期间，玻色接触了一些优秀的老师，他们鼓舞玻色要树立远大志向。1911—1921年，玻色任加尔各答大学物理系讲师。1921年，他转到了当时成立不久的达卡大学物理系(现位于孟加拉境内)，任职讲师。

玻色早期写了一篇重要的短文"普朗克定律与光量子假说"，他首次提出麦克斯韦-玻尔兹曼分布对微观粒子是不成立的。他强调了在每个体积为 h 的位相空间中找到粒子的概率，而舍弃了粒子的位置和动量。据说，玻色的重要结果来自于一次"错误"。有一次在讲课期间，玻色在应用理论时犯了一个"错误"，意想不到的是，却得出了一个与实验一致的预测(原先既有的理论预测结果与实验不符)。

玻色的"错误"当然不是一个错误，可以简单说明一下。我们来看一下掷两个硬币的情况：如果两个硬币是可以分辨的(如我们日常里的情况，即经典的情况)，那么掷出两个硬币都是正面，两个都是反面，或者一个正面一个反面的概率都是四分之一；而如果两个硬币是不可分辨的(如微观的情况，或量子力学的情况），那么掷出两个硬币都是正面，都是反面，或一个正面一个反面的概率就只是三分之一，因为无法分辨一正一反和一反一正的情况。这是完全不同的概率！我们知道，宏观的物理性质取决于体系的微观状态，难怪玻色-爱因斯坦统计与经典的统计是完全不同的。玻色的所谓“错误”最后能得出正确的结果，正是因为光子确实是不能被分辨的，也就是说不能把任何两个相同能量的光子当作两个能被明确识别的光子。爱因斯坦采纳了这个概念，并把它延伸到原子上。玻色和爱因斯坦的这些研究后来被称为玻色-爱因斯坦统计。这也为一个重要的现象，即玻色-爱因斯坦凝聚，铺好了道路。一组高密度的玻色子（如原子）在超低温状态中会成为玻色-爱因斯坦凝聚体的现象终于在 1995 年被实验所证实。

没有借助经典物理的内容，玻色于 1924 年写了一篇推导普朗克辐射定律的论文“普朗克定律与光量子假说”。但是一开始论文的发表却连连受挫，好几份物理杂志都拒绝发表，于是他就把论文直接寄给了当时还在德国的爱因斯坦。爱因斯坦马上意识到这篇论文的重要性，不但亲自把它翻译成德语，还以玻色的名义把论文送给《德国物理学刊》发表。爱因斯坦还写了一篇支持玻色理论的论文，并要求《德国物理学刊》把这两篇论文一同发表。就这样，玻色的理论终于受到大家的重视。也就是因为此次与爱因斯坦相关的经历，玻色能够第一次离开印度，前往欧洲游学了两年，期间与德布罗意、居里夫人以及爱因斯坦一起工作。

1926 年，玻色回到达卡大学后，立即被提升为教授兼物理系主任。他当时并没有博士学位，一般来说是不够资格当教授的，但是爱因斯坦还是推荐了他。玻色的研究范围很广，从 X 射线晶体学到统一场论都有涉猎。他还与他人合作发表了真实气体的一条状态方程。除物理以外，玻色还深入学习过化学、地质学、动物学、人类学、工程学及其他科学。玻色于 1944 年被选为印度科学代表大会主席。他在达卡大学一直待到 1945 年，后回到加尔各答大学至 1956 年，退休时被授予名誉教授头衔。

有趣的轶事

1927 年，在意大利的科莫举行了科莫会议，除爱因斯坦、薛定谔和狄拉克，当时最著名的物理学家包括玻尔、海森伯、普朗克、洛伦兹、德布罗意等都出席了。但是玻色(S. N. 玻色)没有能够出席,过程很有趣。因为当时大会向远在印度的玻色发出了邀请函,寄到了加尔各答大学,署名"寄给加尔各答大学的玻色教授"。但是当时玻色已经离开加尔各答大学去了达卡大学,而加尔各答大学恰好还有一位姓玻色(全名为 D. M. 玻色)的教授。因为当时的通信还很不发达,S. N. 玻色并不知道会议对他的邀请,于是这位名不见经传的 D. M. 玻色就代替了当时已经很有名望的 S. N. 玻色,参加了众星云集的科莫大会。

3.4 有核原子模型

原子论的主张在古希腊时期就已经提出,是科学史上一个非常重要的思想。因为原子论可以使纷繁复杂的自然现象得到统一的解释,能够将宏观的东西归结为微观的东西,而这些微观的东西就是原子。如果我们把一个东西一分为二,它会变小,继续对它再一分为二,它会变得更小……这个过程可以持续无限地进行下去吗?原子论的回答是:不能!原子论认为,多次一分为二的极限是原子,而原子是不可再分的,这就是原子这个名词本身的含义。1897 年,J. J. 汤姆孙在研究阴极射线时,发现原子中有电子存在。这打破了上面提到的从古希腊人那里流传下来的"原子不可分"的理念。汤姆孙的实验明确地向人们展示:原子不是不可分割的,它有内部结构。由于对原子结构缺少最基本的信息,于是汤姆孙就"展开他想象的翅膀",给我们勾勒出原子这样的图像:原子呈球状,带正电荷,带负电的电子一粒粒地镶嵌在这个圆球上。这就是历史上著名的关于原子的"葡萄干布丁"模型(电子就像葡萄干一样,参见图 2.3)。

汤姆孙的模型显然缺少证据!只有牢固地建立了科学思想的概念基础,科学的大发展才有可能。所以,不正确的汤姆孙模型并没有推动原子科学的大发展。一直到了十多年之后的 1910 年,卢瑟福和他的学生进行了一次名垂青史的实验,才终于正确建立了原子模型,科学才由此得到了大的突破。

卢瑟福的实验大致如下(图 3.7):用带正电的氦核(即 α 粒子)轰击一

张很薄的金箔，卢瑟福他们最初的目的只是想确认一下“葡萄干布丁”的大小等一些基本性质。但是实验的结果却是极为不可思议的。实验中有少数 α 粒子的散射角度非常之大，以致超过了 90°。卢瑟福认识到，α 粒子被反弹回来必定是由于它们和金箔中原子内部某种极为坚硬的核发生了碰撞。这个核应该是带正电的，而且还集中了原子的大部分质量。另外，从只有一小部分 α 粒子遭受大角度的散射来看，那个核所占据的地方应该是很小的。卢瑟福估计，核的大小不到原子半径的万分之一。

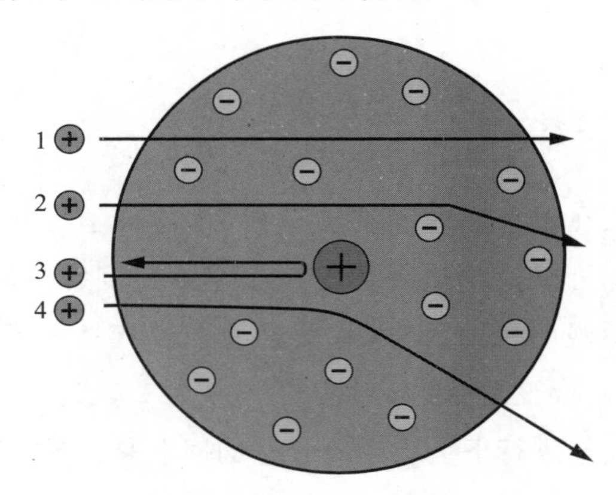

图 3.7　α 粒子散射实验

说起来，卢瑟福（图 3.8）是 J. J. 汤姆孙的学生。J. J. 汤姆孙是当时一位大名鼎鼎的科学家，他是剑桥大学著名的卡文迪什实验室的领导，诺贝尔奖得主，电子的发现者。尽管如此，在新的实验事实面前，卢瑟福还是决定要修改他老师的“葡萄干布丁”模型，这正是“吾爱吾师，但吾更爱真理”的优良品格。于是 1911 年，卢瑟福发表了他的新的原子模型。新的原子图像是这样的（图 3.9）：有一个带正电的原子核位于原子的中心，它虽然很小但是占据了原子的绝大部分质量。在这个原子核的四周，带负电的电子沿着特定的轨道绕着核运行。这是一个非常像行星系统的模型（如太阳系），所以自然而然地被称为“行

图 3.8　卢瑟福

星系统模型”(核对应着太阳,电子对应着行星)。

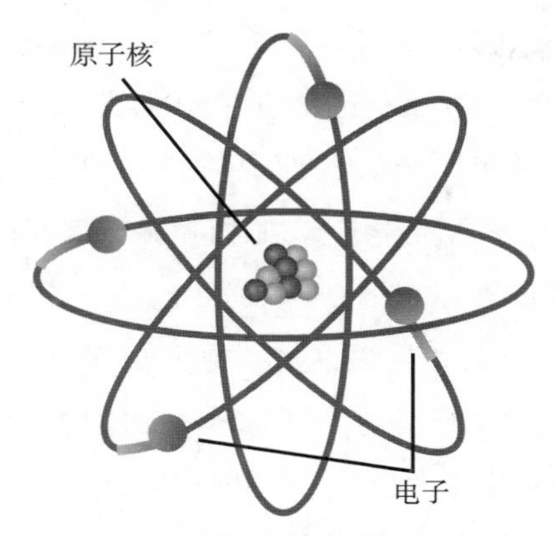

图 3.9 有核原子模型

值得一提的是,卢瑟福既是一位伟大的物理学家,也是一位伟大的物理学导师(我们还会提到,索末菲也是一位伟大的物理导师)。他能够以敏锐的眼光去发现物理天才,又总是以伟大的人格去关怀他们。这样,在卢瑟福身边工作的人,很多都表现得非常出色,从而产生了很多科学大师。这其中最有名的杰出人物当属玻尔和狄拉克。卢瑟福一生至少培养了 10 位诺贝尔奖得主(这还不包括他自己),除了玻尔和狄拉克,还有中子的发现者,威尔逊云室的改进者(在宇宙线和核物理领域做出巨大贡献)……以及四位诺贝尔化学奖得主。

3.5 玻尔的原子理论

关于原子的理论,我们先来看一下玻尔所面临的困境: J. J. 汤姆孙的葡萄干布丁原子模型已经被卢瑟福的崭新的原子图像所替代,即电子绕着原子中心的一个致密的核运行,就像行星围绕太阳运动那样。这个新模型看起来相当完美,但是从已知的同样是非常完美的经典电磁理论来看,这个模型却是“灾难性的”,它面临着严重的理论困难。因为大家公认的“成熟的”麦克斯韦理论(经典电磁理论)预言,加速运动的电荷(如电子)势必会无可避免地辐射出能量,导致电子不断地失去能量而无法保持其轨道运动,从而最终导致体系的崩溃,即电子会撞到原子核上。注意,电子的圆周运动是一种加速运动。

从麦克斯韦的电磁理论来计算，电子只需要 10^{-10} 秒就会失去其全部的能量，和原子核撞在一起。但是，这个现象显然并没有发生。卢瑟福的“行星系统”原子模型可以说明原子的各种现象和实验结果。现在，麦克斯韦理论和原子稳定性之间的矛盾究竟应该如何解决呢？在这个历史背景下，当时年仅 27 岁的“革命家”玻尔（图 3.10）终于登上了历史舞台。玻尔面临着两种选择：要么放弃原子的卢瑟福模型，要么放弃伟大的麦克斯韦理论（这需要多大的勇气）。玻尔没有因为卢瑟福模型的困难而放弃这一模型，毕竟它有 α 粒子散射实验的强有力的支持。同时，玻尔也没有看到原子是不稳定的，或者说，这个世界上原子中的电子并没有撞向原子核，我们大家都活得好好的。从这些情况看，怀疑经典的电磁理论在原子模型上是否适用反而是一个更好的选择。

图 3.10　玻尔

1912 年 7 月，玻尔完成了他在原子结构模型方面的第一篇论文，历史学家后来把它称为“曼彻斯特备忘录”。1913 年，玻尔发表了三篇划时代的论文，被誉为“伟大的三部曲”。三篇论文分别是《论原子和分子的构造》《单原子核体系》和《多原子核体系》。这看起来只是原子模型方面的文献，其实也是量子理论发展史上划时代的文献。从此开始的差不多整个十年间，玻尔的思想对于原子物理学和量子理论的发展有着极为深刻的影响。这个时期就是我们通常所说的“旧量子论时期”。玻尔的量子论为经典物理学通往微观世界新的力学的过渡铺设了一座桥梁。1925 年，年轻的德国物理学家海森伯正是在玻尔理论的影响下最终建立了微观体系的新的力学——量子力学的矩阵力学形式。

玻尔提出了接近原子真正状态的划时代的理论。他无视“障碍”，采用打破常规的思考方式，做出了以下三个超常规的假设：

（1）原子中的电子只能在确定的圆形轨道上运动（图 3.11），而且这个圆形轨道的半径只能是符合条件的某个数值的整数倍。

（2）电子在这个圆形轨道上进行旋转运动时，并不释放出电磁波。

（3）当电子从一个轨道向其他轨道跃迁时，电子才会发射或吸收电磁波。该电磁波的能量等于电子在发生跃迁的两个轨道上运动时的能量之差。

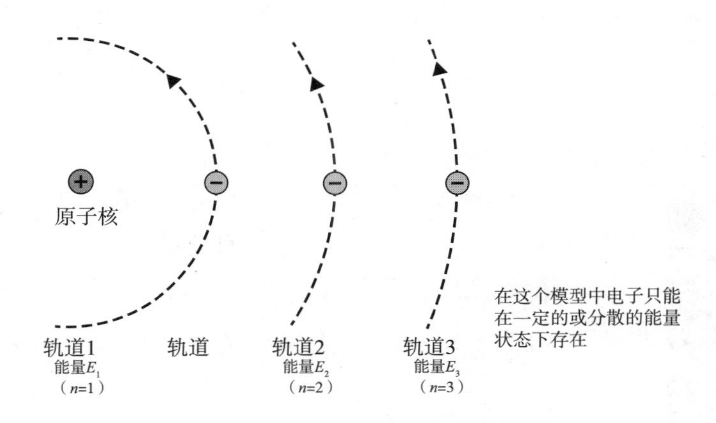

图 3.11　玻尔的氢原子模型

可以看到，玻尔的所有这些假设都是经典物理学所无法解释的，或者说与经典物理学是完全矛盾的。上面已经提到，玻尔的假设并不是信口开河，而是建立在实验事实之上的。

玻尔提出，原子中的核外电子只能在一些特定的圆轨道上运动。电子在这些轨道上运动时，既不会发射能量（玻尔的这个假设违背了经典的电磁理论。在经典理论中，圆形轨道上运动的电子会不断地辐射能量），也不会吸收能量，而是处在一种稳定的状态，即玻尔所谓的“定态”。电子可以从一个高能量的轨道跃迁到一个低能量的轨道，这时电子就会以光子的形式发射能量；反之，如果电子从一个低能量的轨道跃迁到一个高能量的轨道，那它就必须吸收能量（光子）。总之，电子只能在特定的轨道上运动，或在不同轨道间跃迁，而不能处在轨道外的任何其他地方。玻尔的理论“终于”使得电子不至于撞到原子核上。其实，原子中的电子从来都没有撞向原子核，只是经典的理论这么认为而已。所以，是经典理论在这里遇到了问题，这样，量子理论理所当然地被推到了前沿阵地。

原子的光谱线在玻尔原子模型的建立过程中有非常特殊的意义。所谓原子光谱线，是指各元素在被加热之后释放出有特定波长的光线，这些光线通过分光镜投射到屏幕上，便得到原子的光谱线。1913 年初，当丹麦人汉森请教玻尔关于如何使用玻尔原子模型解释原子光谱线时，玻尔对原子光谱似乎还很陌生。成百上千条的光谱线看起来实在太杂乱无章了。汉森告诉玻尔，这里面是有规律的，例如巴耳末公式就给出了一种规律：

$$\nu = R\left(\frac{1}{2^2} - \frac{1}{n^2}\right)$$

这里 ν 是光谱线对应的频率，R 是里德伯常数，n 是大于 2 的正整数。氢原子光谱的巴耳末系如图 3.12 所示。巴耳末公式是一个很漂亮的公式，它瞬间就激发了玻尔的灵感，使得所有的疑惑都变得那么顺理成章了，玻尔从这里看到了原子内部隐藏的秘密。1954 年，玻尔回忆：当我一看见巴耳末公式，一切就都清楚不过了。

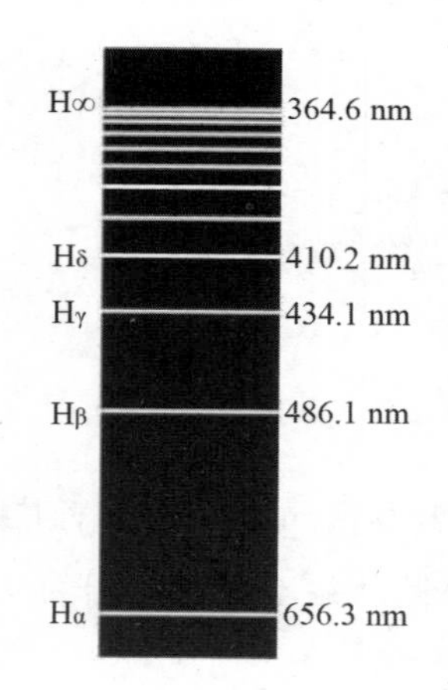

图 3.12　氢原子光谱的巴耳末系

巴耳末公式中的 n 可以等于 3，4，…整数，但是不能等于非整数 3.5，4.5，…，这样的 n 正好对应着玻尔量子化轨道的假设。原子中的电子只能按照一些确定的轨道进行运动，这样，当电子在这些轨道之间跃迁时，就能释放出满足巴耳末公式的能量来。也就是说，玻尔对电子跃迁的假设恰好解释了原子的光谱线就是电子在不同轨道间跳跃时所释放出来的能量。氢原子的能级结构如图 3.13 所示。可以看出，不同谱线系对应着电子在不同能级间的跃迁。

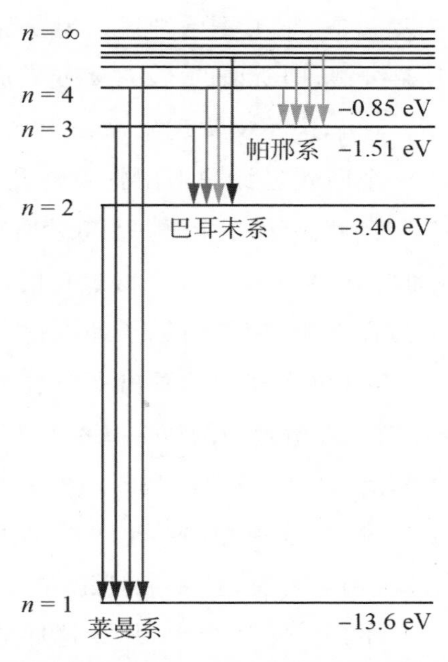

图 3.13　氢原子的能级（光谱线由电子在不同能级间的跃迁产生）

虽然玻尔理论取得了巨大的成功，但是玻尔模型还是有一些“小困难”需要解决。例如，要解释斯塔克（图 3.14）效应、塞曼（图 3.14）效应和反常塞

图 3.14　斯塔克（左）和塞曼（右）

曼效应等。虽然在索末菲等的努力下,玻尔的原子模型解释了磁场下的塞曼效应和电场下的斯塔克效应(本书不予细述),但是还是无法解释一种弱磁场下的原子谱线的复杂分裂,即所谓的"反常塞曼效应",这个效应实际上很早就为人们所熟知了。理解这种反常现象需要引入 1/2 值的量子数,玻尔理论对此无能为力。这个问题也深深地困扰着泡利,一直到他提出不相容原理之后,问题才最终得到解决(关于反常塞曼效应,请参考 7.1 节)。

玻尔提出的有轨(即轨道)原子模型是非常成功的。它使得当时困扰很多人的理论难题得以迎刃而解,也使得新原子理论得以深入人心。这些可以从玻尔被授予 1922 年诺贝尔物理学奖看出来。虽然玻尔理论取得了巨大的成功,但是玻尔还没有解释清楚他的很多基本假设。例如:电子为什么只能具有量子化的轨道和能级?它的理论基础是什么?玻尔都没有给出明确的答案。当然我们可以说,实验观测的结果表明电子的轨道就是量子化的,并不需要什么特别的理由。但是,从基础理论方面来考虑,如果电子的量子化能够从一些更加基本的公理所导出,那么这样的理论将具有更加坚固的基石。玻尔理论在取得一连串的伟大胜利之后,终于开始发现自己已经到了强弩之末,很多问题玻尔理论已经无法处理了:对于只有一个电子的原子模型,能够给出令人信服的解释;但是,哪怕对于只有两个核外电子的氦原子,玻尔模型就无能为力了;在由两个氢原子构成的氢分子上,玻尔理论依然无法处理。此外,玻尔理论也不能给出谱线的强度和偏振等。为了解决这些困难,玻尔、泡利、兰德和克喇默斯等做了大量的努力,建立了一个又一个新的模型,引入了很多新的假设,从而给玻尔理论打上了很多"补丁",有些补丁甚至违反了玻尔和索末菲原本的理论本身。很显然,已经到了给玻尔理论彻底换新装的时候了。这就是下面我们将要叙述的德布罗意的物质波假设以及海森伯和薛定谔革命性地创立了逻辑上完备的量子力学理论。

看到这里,也许你会觉得:"原来如此,玻尔的成果也没有那么伟大嘛!"这样想是不公平的。虽然玻尔的理论有不完善的地方,但是正是他第一次把"量子"的概念引入原子的领域中。也正是由于他的贡献,后来的物理学家才研究出具有多个电子的原子模型,并最终建立了量子力学理论。由此,我们应该承认,是玻尔的理论跨出了划时代的一步。也可以说,玻尔的早期量子论是连接经典物理学和真正的量子力学之间的一座桥梁。玻尔对自己理论的缺陷是非常了解的,因此他积极支持自己的学生,也希望他们能够超越自己。从各种书籍来看,玻尔在量子论的建立过程中所做出的贡献是排在第一位的。作为科学家的玻尔在丹麦是非常受人尊敬的,丹麦的货币(500 克朗)就使用了玻尔的头像(图 3.15)。

图 3.15 丹麦的货币(500 克朗)

玻尔是把量子论引入原子的第一人,是探索原子奥秘的先行者。他是哥本哈根学派的领航人。原子曾经是一个古老的话题,但是经过了千百年,一直到 1913 年玻尔才找到了探索原子的正确方向。玻尔的原子量子论不仅是探索原子的伟大开端,更成为量子力学的发端。

1921 年 9 月,玻尔在哥本哈根的研究所建成,36 岁的玻尔成为这个研究所的所长。玻尔以他的人格魅力很快就吸引了大批才华横溢的年轻人,包括以下这些如雷贯耳的名字:海森伯、泡利、狄拉克、约尔当、弗兰克、乌伦贝克、古兹密特、朗道、兰德、鲍林、莫特、盖莫夫……在玻尔研究所,人们能够感受到自由的气氛和来自玻尔的关怀,最终形成了一种富有激情、乐观和进取的学术精神,即后人所称道的“哥本哈根精神”。

玻尔度过的是忙碌的一生，即便是在生命最后的半年里也过得像个陀螺。1962 年，他在美国访问了三个月，6 月底又访问了德国，在那里他做了最后一次公开露面。在 1962 年 11 月玻尔生命的最后三天里，他还主持了丹麦的科学院会议，甚至做了一次物理学发展史的访谈。11 月 18 日，玻尔逝世。玻尔被称为物理学史上最伟大的人物之一。

一个故事：第二次世界大战期间，英国首相丘吉尔亲自签署命令，从纳粹手中紧急转移玻尔这位原子物理学界的灵魂人物。在飞机飞越英吉利海峡来到大不列颠岛之后，当飞行员打开舱门时，玻尔浑然不知已经到了英国。当时有一些"搞笑"的报道说，飞机落地后，玻尔仍然沉浸在他物理思考的境界中。而事实上，玻尔当时被藏在一架蚊式轰炸机的弹仓中，由于经受高空的缺氧已经奄奄一息，差一点就送了命。

值得一提的是，玻尔提出原子模型时只有 27 岁。爱因斯坦提出狭义相对论时是 26 岁。

3.6 波粒二象性

波粒二象性是指所有的粒子都既有粒子性，又有波动性。当然，宏观粒子的波动性是极不明显的，目前任何一个精密的仪器都无法探测到这么小的波动性，更不用说我们的眼睛这个不太精密的设备了。例如，让我们假设有一块石头的质量是 100 克，它的飞行速度是 1 米每秒，那么它的德布罗意波长只有 6.6×10^{-31} 厘米。所以，宏观世界里的粒子有完全的粒子性，也即波粒二象性实际上和我们的日常生活经验并没有任何冲突。只有在微观世界里，粒子的波动-粒子二象性才是明显的。以电子为例，它的质量约为 10^{-27} 克，在 1 伏特电位差的电场中运动，它将获得 6×10^{7} 厘米每秒的速度，这样德布罗意波长约为 10^{-7} 厘米，这样的长度在微观领域是相当明显的。本节将先讨论光的波粒二象性，然后讨论电子和其他粒子的波粒二象性。因为光子是一个静止质量为零的粒子，而电子是一个静止质量不为零的粒子，我们将电子作为质量不为零的粒子的代表。

什么是粒子性，这是比较好想象的，所以无需多言。那么，什么是波动性？我们可以这样说：能够产生干涉和衍射现象的东西就是一种波动。所谓的干涉，就是两波重叠时组成新的合成波的现象。干涉的结果是在某些区域波动始终加强，在另一些区域则始终削弱，形成稳定的强弱分布的现象。所谓的衍射（也称绕射），是指能够绕过障碍物而偏离直线传播路径进入阴影区里的现象（图 3.16）。当孔或者障碍物的尺寸小于或等于波的波长时，才能发生明显的衍射现象。

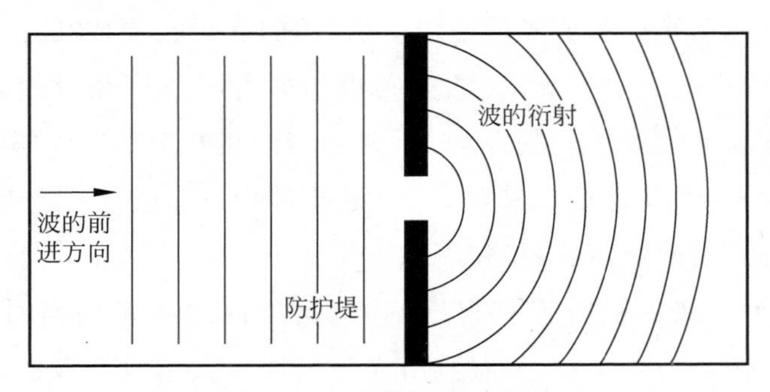

图 3.16 波的衍射示意图

我们先来看光的波粒二象性。在光的粒子-波动二象性中，光的波动性是大家比较熟悉的，这是因为将光看成是电磁波已经被大家所普遍接受了。光既然是一种波，那必然会观察到光的干涉和衍射现象。关于光的波动性，有一个既简单又很重要的实验是不能不提到的，这就是杨氏双缝干涉实验（图 3.17）。这个实验最先由英国科学家托马斯·杨提出并实验成功。1801年，杨试图用这个实验来回答光到底是波还是粒子的问题。杨的双缝实验

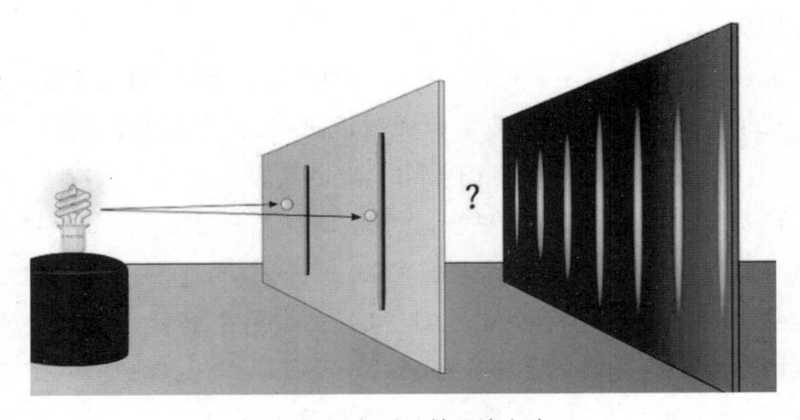

图 3.17 杨氏双缝干涉实验

非常简单：把一支蜡烛放在一张开了一个小孔的纸前面，这样就形成了一个点光源，即一个点状的光源(可将图 3.16 中的光源直接看成一个点光源)。然后在实验装置的中间放一张纸，不同的是这张纸上开了两道平行的狭缝(即双缝)。从点光源射出的光穿过两道狭缝后投到屏幕上。实验发现，屏幕上会看到一系列明暗交替的条纹，这就是现在众人皆知的双缝干涉条纹。可以想象，如果光不是波，则没有干涉现象，那么在右边屏幕上就只能看到两条亮条纹(在点光源和狭缝的连线上)。杨的这个实验成功地结束了光是粒子还是波的世纪之争。此后，法国物理学家菲涅尔等在双缝实验的基础上，进一步圆满地解释了光的反射、折射、干涉、偏振和双折射等现象，由此建成了光的经典波动理论。其实，在双缝干涉中，“单光子干涉”(指稀疏光子的干涉)有特别的重要性，将在下面讨论。

光的粒子说在牛顿时代就得以确立，这或许跟牛顿是当时的“神级人物”有关。牛顿认为光是粒子性的(由光子组成)，大家或多或少会说牛顿是不会错的。但是，从杨氏的双缝实验中观测到了明确的干涉图案，这给予光的粒子观一个致命的打击。显然，经典的光的粒子理论无法满意地解释这个干涉图案。此后，大多数科学家也开始接受了光的波动观。此外，1887 年赫兹从实验上证明了麦克斯韦方程组所预言的电磁波的存在后，伟大的经典电磁理论就建立起来了。麦克斯韦方程组是经典电磁理论的核心，很快人们就发现，它的管辖领域似乎横跨了整个电磁波频段：从无线电波到 γ 射线……在这里，可见光区域只是一个小小的特例。所以，光的波动理论得到了很好的确立。

光的波动性理论占主导地位的情况一直“坚持”到 20 世纪初期，才终于再次出现了支持光的粒子观的实验证据，这就是我们前面谈到的“光电效应”。3.2 节已经相当详细地专门叙述了光电效应。从这个效应里，我们得到的结论是：如果将光看成电磁波，将无法解释光电效应；而如果将光视为光量子，则可以非常完美地解释光电效应。所以说，光的粒子性的重新抬头主要是从 1905 年爱因斯坦提出光量子的概念，用来解释光电效应而展开的。爱因斯坦最初提出光量子的概念时并没有得到普遍的赞同，道理很简单，即爱因斯坦的理论与麦克斯韦的电磁理论太不协调了。光已经被普遍接受为是一种电磁波，而电磁波已经十分优美地被麦克斯韦方程组所描写。

此外，前面我们还提到，1915 年美国人密立根对光电效应进行了多次反复的实验。密立根的实验数据非常有力地支持了爱因斯坦的观点，即在所有情况下，实验都证明了光电效应所表现出的量子化的特征，尽管密立根的初衷是想证明爱因斯坦的观点是错误的。如果说我们还不敢完全相信光具有粒子性的一面的话，那么康普顿效应则令人信服地表明，只有在光是粒子的基础上才能很好地解释这个效应（史称康普顿效应，实验图可参见图 3.18）。1923 年，康普顿（图 3.19）在研究 X 射线被自由电子散射时，发现了一个奇怪的现象：被散射出来的 X 射线分为两部分，一部分和原来入射的射线的波长相同，而另一部分则比原来的射线的波长要长（即能量有所损失）。如果使用经典的波动理论，散射应该不会改变入射 X 射线的波长。在经过苦苦思索之后，康普顿引用了光量子的假设，这样自然而然地那部分波长变长

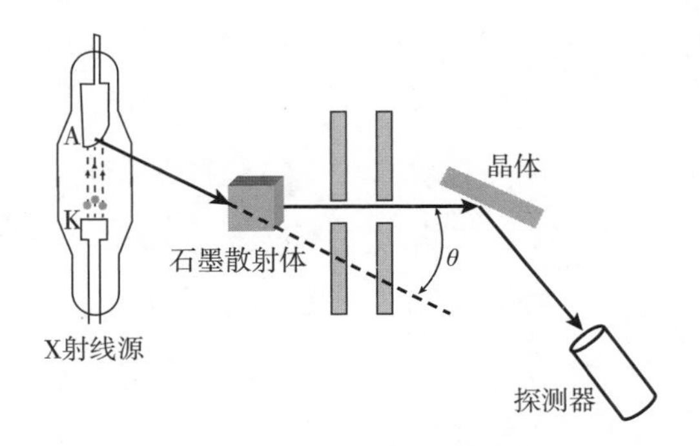

图 3.18　康普顿实验示意图

图 3.19　康普顿

的X射线就可以归结为光子与电子的碰撞而导致的。这样光量子的假设终于使得康普顿的实验数据与理论解释之间非常好地符合。康普顿效应再一次强有力地支持了光的粒子性。在这里,我们应该提一下我国著名的物理学家吴有训先生。吴有训当时是康普顿的研究生,而且是康普顿最得意的弟子之一。在康普顿的指导下,吴有训完成了一系列的实验,成功地证实了康普顿效应的正确无误。

在讨论了光的波动-粒子二象性之后,我们来看一个非常重要的概念——"单光子干涉"。1909年,泰勒做过一个实验,他把入射光束衰减到非常弱,弱到每次不可能有多于一个光子同时通过仪器。由于光束非常弱,在经过三个月的曝光后,泰勒发现他得到的干涉条纹与短时间的强光通过仪器时得到的图像完全相同(图3.20),这就是单光子干涉。这个结果意味着,干涉现象并不是由多个光子的相互影响而产生的,而是由一个光子自己与自己干涉而出现的。在这个实验中,由于每次不可能有多于一个光子通过双缝,所以这个实验表明,光子实际上是从两个缝同时通过的!这是一个难以想象的图像,是希望理解量子力学时会遇到的非常基本的一个"挫折"。基于对这一"挫折"的思考,有其他一些关于量子力学的解释得以提出(例如多世界解释)。但是这些都是很"高深的"理论。建议读者暂时不要过多去思考"光子为什么会同时从两个缝通过",先接受它就是了(在你成为一个成熟的物理学家之前)。

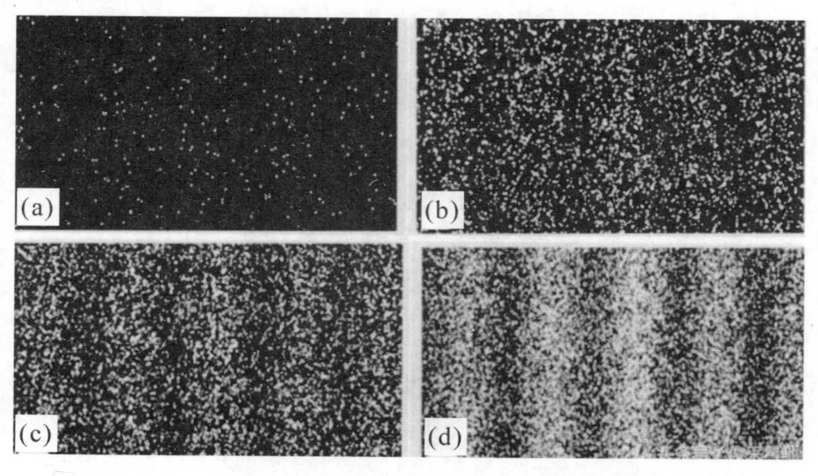

图3.20 单光子干涉图样。从(a)到(d),光子数不断增加

光子是一个静止质量为零的粒子，所以我们或许可以说，光子出现波粒二象性是可以“忍受”的。那么，一个静止质量不为零的粒子的情况又如何呢？下面，我们将重点说明电子的波粒二象性，其他静止质量不为零的粒子的波粒二象性是类似的。最初，薛定谔提出其波动方程并应用于氢原子时，薛定谔方程是用来处理电子而不是光子的。所以，静止质量不为零的粒子的波粒二象性也是极端重要的。

大量的实验表明，像电子等静止质量不为零的微观粒子其波动性和粒子性也可以是非常明显的。1925—1927 年，戴维孙和革末在位于纽约的一个实验室里用电子束轰击一块金属镍，发现被镍块散射的电子的行为和 X 射线衍射一模一样，从而验证了电子衍射。1927 年，G. P. 汤姆孙在剑桥也通过实验进一步证明了电子的波动性。1961 年，克劳斯·约恩松用电子做双缝干涉实验，他发现电子和光一样也有干涉现象。2002 年 9 月，约恩松的这个双缝实验被《物理世界》(*Physics World*)杂志的读者评选为最美丽的物理实验。1974 年，梅利在米兰大学的物理实验室里，成功将电子一粒一粒地慢慢发射出来(即单电子干涉实验，可以类比前面的单光子干涉)。在侦测屏障上，他也确实观测到了像光一样的干涉现象。从而直接证明了电子具有波动性。我们看到，无论是光子还是电子，干涉现象都是由一个一个的光子或电子自己与自己发生干涉的。在双缝实验中，光子或电子都是从两个缝同时通过的(图 3.21，正如单电子或单光子干涉所显示的那样)，并没有发生一个粒子每次只从一个细缝通过的现象。这当然是非常难以直观地理解的。

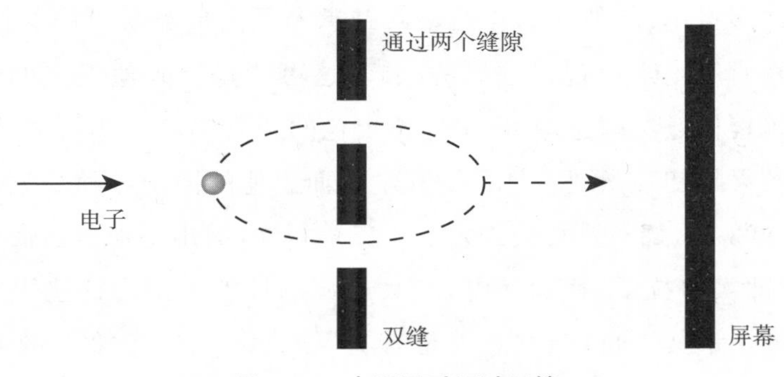

图 3.21 电子同时通过双缝

前面已经谈到，1897年，J. J. 汤姆孙通过观测阴极射线在磁场和静电场作用下的偏转而发现了电子，明确显示的是电子的颗粒性。1927年，J. J. 汤姆孙的儿子G. P. 汤姆孙在剑桥通过实验进一步证明了电子的波动性。实验得到的电子衍射图案和X射线的衍射图案相差无几。就这样，J. J. 汤姆孙因为发现电子而获得诺贝尔奖，而他的儿子因为发现电子是波动的也获得了诺贝尔奖。也可以说，老汤姆孙和小汤姆孙分别因发现了电子的粒子性和波动性而获得诺贝尔奖，这样的历史是非常有趣的。电子的粒子性是非常明显的(例如散射现象)，加上实验发现的波动性，显然电子确实可以有明确的波粒二象性。以上的讨论显示，无论是光子还是电子，都可以显示粒子-波动的二象性。实际上，电子的双缝干涉实验与光子的双缝干涉实验的本质是一样的，要告诉我们的东西也是一样的。对于除了电子之外的实物粒子，1929年，斯特恩等成功地利用了氢、氦等分子束实现了在单晶点阵面上的衍射实验。之后，也陆续观察到了中子束和α射线等通过晶体时的衍射图像。甚至是C_{60}和C_{70}这样的原子团簇，也被发现可以产生明确的衍射图样，从而说明其具有波动性。这些实验都有力地证明了，不仅是电子，其他微观粒子也会产生像光那样的衍射现象，也证实了一般粒子的波粒二象性。

1924年，受到爱因斯坦光量子概念的启发，德布罗意提出了物质波假设，将光所具有的波粒二象性赋予了所有的物质粒子，从而指出了自然界中的所有物质都具有波粒二象性。或者说，波粒二象性是物质粒子具有普遍意义的共性。德布罗意的物质波概念为后来发现量子的规律提供了重要的理论基础。德布罗意(图3.22)出生自一个显赫的法国贵族家庭。在他的祖先中出过许多将军、元帅和部长。家族继承着最高世袭身份的头衔：公爵。小德布罗意对历史学表现出浓厚的兴趣，这可能是受到他祖父的影响。他的祖父不仅担任过法国总理，还是一位出色的历史学家。然而大学毕业后，德布罗意的兴趣却强烈地转到了物理学方面。他的博士导师是大名鼎鼎的朗之万。1923年，德布罗意接连发表了三篇短文，提出了他自己命名的所谓相波理论，即实物粒子(特别是电子)具有波动性的思想。这些短文后来组成了他的博士论文，而德布罗意就是有史以来第一个仅凭借博士论文而获得诺贝尔奖的人。

图 3.22 德布罗意

让我们看一下爱因斯坦-德布罗意公式，便可以很容易理解物质粒子的波动性和粒子性：

$$E=h\nu,\quad p=h/\lambda$$

这里 E 和 p 分别是粒子的能量和动量，它们是体现粒子性的物理量；ν 和 λ 分别是物质波的频率和波长，它们是体现波动性的物理量；h 是普朗克常量。从公式中很容易看到，两个方程的左边都是体现粒子性的物理量(能量、动量)，而方程的右边都是体现波动性的物理量(频率、波长)。很重要的是，通过普朗克常量可以将左边和右边相等起来，即物质的波动性和粒子性靠普朗克常量联系了起来。这两个式子非常深刻而明晰地揭示了物质的粒子和波动的两重性。

实物粒子的波粒二象性，通俗地说，就是它有时像波，有时又像粒子。这种既像波又像粒子的性质，对于我们的直观想象来说是相当困难的，因为粒子性和波动性是两个很不容易想象在一起的图像。下面的讨论中我们将会看到，在薛定谔方程建立之后，我们将完全可以不去应付波动和粒子这两种对立的图像了。总之，笔者不建议初学者“拼命地”使用经典物理的概念去理解这个“有点古怪”的现象。恰恰相反，在这里直接地接受波粒二象性更加有利于继续学习量子力学。

既然物质粒子具有波动性，那么人们自然就应该去探寻粒子的波动规律，这就是1926年薛定谔建立的波动力学(后面还会详细讨论)。当量子力学的波动力学形式建立之后，波粒二象性的概念差不多便可以完成其历史使命了。玻恩自己曾经说："关于二象性还是非二象性的讨论看来是多余的。自然界不能仅用粒子或者仅用波动来描写，而要用一种更加精致的数学理论来描写。(这种理论)就是量子理论，它取代了波动和粒子两种模型，而且仅在某些极限下表现得像这样或那样。"玻恩的意思是说，薛定谔方程的解会自然而然地对一个量子客体的"粒子性-波动性"给出合理的描述。在某个极限下，薛定谔方程的解会自然而然地对应着粒子性；而在另一个极限下，则会自然而然地对应着波动性。各位将会看到，4.5节在阐述量子力学的基本假设时，根本就没有提到"波粒二象性"这样的字眼。当然，波粒二象性的概念曾经起到过非常积极的作用，它促进了薛定谔方程的提出(这是它的历史功绩，我们不能否认它。德布罗意因此获得了诺贝尔奖)。其实人们也意识到，波粒二象性这样的概念存在着无法克服的困难，它实质上是一种使用经典物理的概念去理解量子力学原理的做法。

玻尔是量子理论的先驱，他对波粒二象性又是怎么看的呢？1930年，玻尔提出了所谓的"互补原理"这一重要思想。在玻尔看来，我们在波动-粒子二象性上所遇到的左右为难的困境纯粹是因为我们坚持使用了经典概念的缘故。玻尔认为，衍射实验(体现波动性)和散射实验(体现粒子性)恰恰都是互补的实验证据，这些实验并不是给出矛盾的东西，反而正是给出了一些互补的图像。只有所有互补图像的全体，才能提供经典描述方式的一种自然的推广。对于互补原理，玻尔好像也没有给出过关于"互补性"这一名词清晰明白的定义。我们会看到，有了薛定谔方程和波函数的概率诠释，就不再需要"二象性"和"互补性"这些概念了。当我们要在尽量节省的时间内学习量子力学时，甚至可以不把波粒二象性当作必要的基本概念，这可能也是合理的(不过，有的时候它对于理解一些物理概念还是有辅助作用的)。当然，我们不能排除有一些大物理学家还在坚持波粒二象性的重要性，但是我们也可以肯定，有许多大物理学家认为波粒二象性已不再那么重要了，例如玻尔、玻恩和费曼等。

为了更好地理解玻尔的互补原理，可以借鉴我国古代象征阴阳思想的太极图（图 3.23）。太极图有相等的两个阴阳鱼，阴鱼用黑色，阳鱼用白色（表示白天与黑夜）。古人认为，“阴”和“阳”是相互对立的“气”，二者结合在一起发生相互作用，从而决定了自然界的所有现象，包括人类的活动。这种阴阳思想和量子理论是不谋而合的（例如，粒子的波动性和粒子性是两个不同的“对立的”事物，但是通过互补，形成一个事物或世界）。玻尔很喜欢这个太极图，认为可以用来表达他非常看重的“互补原理”，在他自己设计的一个徽章中，就把太极图放在了明显的位置（图 3.24）。

图 3.23 太极图

图 3.24 徽章中的太极图

思考题

3.1 普朗克如何在黑体辐射问题中提出了革命性的“量子”假设？“量子”又是什么意思？

3.2 光的波动性和粒子性分别有哪些实验和理论支持？

3.3 杨氏双缝干涉实验可能是理解量子力学时会遇到的第一个“挫折”，如何理解单电子的双缝干涉实验？

3.4 如何理解实物粒子的波粒二象性，即它有时像波，有时又像粒子？

3.5 爱因斯坦-德布罗意公式是如何深刻而明晰地揭示了物质的粒子和波动的两重性？

第4章 量子力学的创立

4.1 海森伯的矩阵力学

沃尔纳·海森伯(图 4.1),1901 年 12 月 5 日出生在德国巴伐利亚州的维尔兹堡,父亲是一位研究希腊和拜占庭文献的著名教授。在海森伯 9 岁时,全家搬到了慕尼黑居住。小学时,海森伯跟著名钢琴家多芬格学习钢琴,所以海森伯能够弹得一手好钢琴。1914 年,海森伯进入慕尼黑马克西米兰中学读书。这可是一所师资非常雄厚的中学,绝大部分的教师都具有博

图 4.1　海森伯

士学位，而且对学术研究有浓厚的兴趣。特别是，伟大的物理学家普朗克不仅从这所学校毕业，还在这里教过物理。很快，海森伯便在数学和物理方面表现出让人吃惊的天赋，这一天赋的开启还应该归功于他的数学和物理老师沃尔夫。沃尔夫让海森伯在三年级起就开始自学代数、三角、平面几何和立体几何。此外，海森伯还自学了爱因斯坦的相对论，并阅读了外尔的著作《空间-时间-物质》。1916 年时，海森伯还被数论所吸引，一度沉迷其中。在海森伯读中学期间，第一次世界大战爆发，最终德国战败。这场战争对海森伯产生了深刻的影响，使他一度感到前途渺茫。

中学毕业后，海森伯的父亲建议他学习古语言学，但是海森伯在数学和音乐方面独具天赋，虽然他也对宗教和文学表现出很大的兴趣。年轻的海森伯喜欢四处周游，参加各式各样的组织。在进入慕尼黑大学后，一个严肃的问题就是为自己的将来选择一条好的发展道路。经过反复的考虑，海森伯决定选择攻读纯数学。但是因为和数学教授林德曼的不愉快会面，最终使海森伯选择了索末菲作为导师。事后证明，这是一个非常幸运的选择，海森伯自此踏出了通向物理学顶峰的重要一步。索末菲是一位既严格又细致的导师，经过索末菲培养的或与他相关的诺贝尔奖获得者高达 10 人之多。大学期间，索末菲给海森伯留的作业也是尤其复杂，甚至连助教都因为改海森伯的作业特别耗时而抱怨。海森伯还非常幸运地得到了师兄泡利的帮助，他还受邀访问哥本哈根玻尔研究所，得到了玻尔宝贵的教诲。此外，玻恩对他的帮助也是非常宝贵的。

1924 年 7 月，玻尔写信给海森伯，告知他洛克菲勒财团资助的国际教育基金会同意资助他前往哥本哈根与玻尔本人共同工作一年，此时的海森伯已经获得博士学位正在哥廷根的玻恩手下工作。玻恩当时正好要去美国讲学，于是答应海森伯只要第二年的 5 月夏季学期开始前回到哥廷根就行了。1924 年 9 月，海森伯抵达哥本哈根。毫无疑问，在玻尔哥本哈根研究所工作的每个人都是天才，而玻尔更是一位和蔼可亲的伟大人物。玻尔对每个人都报以善意的微笑，并总是引导大家畅所欲言。后来，海森伯成为玻尔最亲密的学生和朋友之一。玻尔经常邀请海森伯到他家里做客，或者到研究所后面的树林里散步并讨论学术问题。现在看来，海森伯这次对哥本哈根的访问对于量子力学的创立有着非常积极的意义。1925 年 4 月，海森伯回到哥廷根。

1924—1925 年之交，物理学开始处于一个非常艰难和迷茫的境地，因为玻尔的原子结构模型已经出现了一些裂痕，辐射问题的本质究竟是波还是粒子也搞不清楚。当海森伯访问哥本哈根时，有一种思潮对海森伯产生了很大的且重要的影响。这种思潮认为，物理学的研究对象应该只是那些能够被观察到的量，物理学只能从这些东西出发，而不是建立在观察不到或纯粹是推论的事物上。最明显的例子就是玻尔的电子“轨道”以及电子绕着轨道运转的“频率”。海森伯认为，这种“轨道”和“频率”都是不可观察的量。1925 年 4 月，当海森伯结束访问回到哥廷根时，就开始重新审视氢原子的问题。1925 年夏天，海森伯感染了一场热病，不得不离开哥廷根到一处小岛上休养。在这个远离喧嚣的小岛上，海森伯试了一些方法，但是遇到的数学困难都是几乎不可克服的。最后，在暂时不考虑谱线强度的情况下，海森伯终于建立了原子中电子的基本运动模型。就这样，新的量子力学终于被建立了起来，这就是最初的量子力学的矩阵力学形式。在这个最初的矩阵力学形式中，海森伯要求所有的物理量都是矩阵，包括位形、动量和哈密顿量等。此外，海森伯保留了各力学量的函数关系，以及用泊松括号表达的经典力学运动方程的哈密顿形式：

$$\begin{cases} \dot{q} = [q, H] \\ \dot{p} = [p, H] \end{cases}$$

海森伯将经典力学如此改造之后就得到了一种新的力学——矩阵力学。这个理论的一个最大特点就是矩阵的数学运算法则与一般的数或函数不同，两个矩阵的乘法一般情况下并不总是服从乘法的交换律。因此，必须提出代替乘法交换律的新的运算法则，这样才能有一个完整的矩阵力学。体现这个新运算法则的关系称为对易关系(也即量子化条件)：

$$(uv - vu) = \mathrm{i}\hbar$$

如果 u、v 是一对正则共轭量的话。

海森伯理论可以自然而然地推导出量子化的原子能级和辐射频率。这一切都可以顺理成章地从方程本身解出来，而不必像玻尔的旧原子模型那样，强行附加一个不自然的量子条件。尽管海森伯的量子力学矩阵力学形式后来在多数时候被薛定谔的波动力学形式所取代，但是海森伯的矩阵力学仍然值得大书一笔，因为它是出现最早的量子力学理论。从1925年的矩阵力学开始，人类终于有了一套逻辑上完备的量子力学。海森伯把他关于量子力学的论文交给玻恩看，玻恩把论文寄给了《物理学杂志》。论文于1925年7月29日发表，这就是新生的量子力学的首次亮相。很快，玻恩和约尔当合作，将矩阵力学理论比较完整地建立了起来。前面我们提到，1900年12月14日这一天被普遍公认为量子论(或"量子")的诞生日，但是量子力学的诞生日就没有那么明确，我们只知道海森伯关于量子力学的论文最初发表在1925年7月29日的《物理学杂志》上。

值得一提的是第二次世界大战期间的海森伯，当时海森伯是希特勒的原子弹计划的总负责人。德国当时仍然拥有一批世界上最好的科学家，原子核裂变就是由两个德国人——哈恩和斯特拉斯曼在前一年发现的，而这两个人都还在德国。那么，为什么德国最终没有能够制造出原子弹呢？这里面的原因可能非常复杂，而且有多种说法。我们在这里简单地给出一种说法(或说辞)：据海森伯说，德国科学家意识到像原子弹这样的大规模杀伤性武器所可能引发的道德问题，也意识到科学家对人类所负有的责任。所以他们心怀矛盾，消极怠工，并有意无意地夸大了制造原子弹的难度。由此，在1942年终于使得纳粹高层相信原子弹并没有什么实际意义。当然，海森伯的这一说法，也许只是一种捍卫德国科学家道德地位的说法吧。

有一个插曲：1941年10月，海森伯不期而至地来到哥本哈根造访玻尔。考虑到他们过去长时间的情谊，玻尔接见了他。这之前，玻尔已经知道海森伯正在为纳粹德国研制原子弹。在这次会见中，海森伯试探性地问了一些问题，而玻尔则假装没有听懂。战争使这一对过去情同父子的师徒相互猜疑，不能不令人叹息。

4.2 薛定谔的波动力学

与玻尔和海森伯不同，薛定谔并没有钻进原子谱线的迷宫，他的灵感直接来自德布罗意关于"物质波"那巧妙的工作。薛定谔是从爱因斯坦的文章中得知德布罗意的工作的,他非常欣赏德布罗意提出的:伴随每一个运动的电子,总有一个如影随形的“相波”。薛定谔相信,只有通过波的办法,才能达到大家苦苦追求的那个目标。1925 年圣诞假期,薛定谔来到阿尔卑斯山上的阿罗萨度假。在这里他有了重要的“思想”产生,在接下来的 12 个月里,薛定谔令人惊讶地维持着一种极富创造力的状态,接连发表了 6 篇关于量子力学的重要论文。薛定谔没有像玻尔那样强加一个“分立能级”给原子,也没有像海森伯那样运用那种复杂而庞大的矩阵,他把电子看成德布罗意波,然后直接去寻找一个波动方法就可以了。薛定谔从经典力学的哈密顿-雅可比方程出发,利用变分法和德布罗意公式,最终导出了一个非相对论性的波动方程。薛定谔最早给出的定态方程的形式是

$$\Delta\psi+\frac{8\pi^2 m}{h^2}(E-V)\psi=0$$

显然,只要做简单的整理,就可以看出上述方程与我们现在最常用的方程是一模一样的:

$$\left(-\frac{\hbar^2}{2m}\nabla^2+\hat{V}\right)\psi=E\psi$$

这就是大名鼎鼎的“薛定谔方程”,它影响了 20 世纪 20 年代之后的整个物理学。量子力学的波动力学形式也终于诞生了。波动力学形式是本书讨论的最主要的量子力学形式。由于薛定谔方程的极端重要性,我们还会在 4.3 节、4.4 节以及 4.5 节等章节中继续讨论这个方程的意义。

当然,以上只是定态的薛定谔方程。波动力学的核心是波函数(或态矢量)$\psi(\boldsymbol{x},t)$,它随时间的演化要遵从非定态的薛定谔方程:

$$\mathrm{i}\hbar\frac{\partial\psi(\boldsymbol{x},t)}{\partial t}=\hat{H}\psi(\boldsymbol{x},t)$$

波函数或态函数的概念还将在以后的章节中仔细讨论。在这里,暂且理解为一个随“位形空间”和时间变化的函数,即“波动”。(注:什么是“位形空间”而非一般的三维空间,可以参考思考题 4.3。)

薛定谔在量子力学的发展中有着重要的地位,所以我们会稍稍详细地讨论一下薛定谔的生平。埃尔文·薛定谔(图 4.2)于 1887 年 8 月 12 日出生于奥地利维也纳。他的父亲继承了家族企业——一家油布工厂,这使薛

定谔从小就生活在比较优裕的环境中。由于他是家里唯一的孩子，所以深受父母和几个姑母的宠爱。薛定谔的父亲给他的早期教育对薛定谔的一生具有决定性的影响。薛定谔曾经回顾他的父亲是一位朋友、一位老师和一位不知疲倦的谈话讨论的伙伴。

图 4.2 薛定谔

薛定谔 11 岁时进入维也纳高等专科学校预科学习。他的天赋很快就表现了出来。他特别喜欢数学和物理，也喜欢德意志帝国的诗人和作家，尤其是剧作家。中学时期，薛定谔还对古希腊的哲学兴趣浓厚。1906 年，薛定谔以优异的成绩从中学毕业并进入维也纳大学，主修他喜欢的物理和数学。维也纳大学是欧洲最古老的大学之一，成立于 1365 年。维也纳大学的物理学研究有非常深厚的传统，曾经在这里从事过物理研究的大物理学家有玻尔兹曼、大理论物理学家马赫(爱因斯坦就曾从马赫的研究中得到重要启发)等。这个时期，薛定谔的思想受到玻尔兹曼思想路线的极大影响，他将之描述为他“科学上的第一次热恋”。大学期间，他把主要精力用于选修哈泽内尔的几乎所有的理论物理学课程，这奠定了他以后研究工作大部分的基础知识。

薛定谔于 1910 年从维也纳大学毕业，获得博士学位，师从埃克斯纳。薛定谔的博士论文题目是“潮湿空气中绝缘体表面的导电现象研究”，这个题目对放射性的研究有一定的启发，但算不上是精彩的学术成果。同年秋季，他按照规定去服了一年兵役，次年回到了维也纳大学，开始了他的科学研究生涯。此后的十年是薛定谔的第一个科学创造的高峰。从 1910 年到 1914 年，薛定谔发表了十多篇论文。1914 年 1 月，他获得了大学教师资格。1914 年 8 月，第一次世界大战开始他应征入伍，成为一名炮兵军官。后来，薛定谔曾经简单地把这段历史概括为“没有受伤，没有生病，也没有获得什么荣誉”。战争后期，薛定谔是在后方度过的，这使他有时间关注广义相对论、原子物理学以及统计物理学的最新进展，为他在战后迅速开始研究工作奠定了很好的基础。

战后，薛定谔全力以赴地开展理论物理学研究，很快他的两篇广义相对论方面的论文引起了爱因斯坦的关注。1920 年 4 月，薛定谔和贝特尔小姐结婚。此后，几经周折，1921 年 10 月，薛定谔接受了苏黎世大学数学物理学教授的职位。这可是一个炙手可热的职位。同一年，薛定谔发表了第一篇重要的量子力学方面的论文，即在玻尔研究的基础上探讨了单个电子的量子化轨道。这此后的几年是薛定谔科研生活的又一个创造高峰。仅在 1922 年至 1926 年早期，他就发表了 20 篇论文，内容非常广泛。1924 年，37 岁的薛定谔应邀参加了在布鲁塞尔召开的索尔维会议，这个会议汇聚了当时世界上最伟大的物理学家，包括爱因斯坦和玻尔等。薛定谔在这个会议上还只有旁听的份，因为他还没有发表什么不同凡响的论文。量子力学在这个时候还远远没有成形，薛定谔在拼命地寻找自己可以有所建树的课题。薛定谔在博士期间曾经深入地研究了连续介质物理学当中的本征值问题，这与他日后创建波动力学有着极其密切的联系。薛定谔一生中最辉煌的当属 1926 年的前半年。这半年间，薛定谔接连发表了 6 篇量子理论方面的论文。由此，他一举建立了量子力学的波动力学形式。他还证明了量子力学的矩阵力学形式与波动力学形式是等价的。普朗克、爱因斯坦和玻恩都给他写信，对他的工作大加赞扬。爱因斯坦致信薛定谔：“你的文章的思想表现出真正的天才。”普朗克在退休之际也表示，希望薛定谔能成为他的继任者。

1926 年 5 月，柏林大学教授委员会开始考虑普朗克退休后的继任人选。这期间，曾经考虑了爱因斯坦、劳厄、索末菲、玻恩、德拜、海森伯以及薛定谔等量子力学发展中的重要人物。基于种种原因(例如爱因斯坦的拒绝),最终选择了薛定谔。去柏林之前,薛定谔参加了第五届索尔维会议,此时的薛定谔已经大大不同于上届的索尔维会议,他已经是世界著名的理论物理学家了。他在会上宣讲了波动力学。1927 年,薛定谔举家迁往柏林,就任柏林大学的理论物理学教授,正式成为普朗克教授席位的接班人,并于次年在普朗克的推荐下成为普鲁士科学院院士。在柏林,薛定谔以极大的热忱投入到教学和科研中,使柏林大学物理系的教学水平达到了前所未有的高度。薛定谔的课很受欢迎,他有精湛的数学、严密的推理和纯熟的教学内容。他非常强调数学的重要性,强调要有很好的数学功底。这一时期,他提出了著名的"薛定谔猫悖论",引起了关于量子力学解释问题的论战。

1933 年希特勒上台后,薛定谔的美好时光便随之结束。这一年,他借口休假离开了德国,来到了牛津大学。在这里,他接到了一个令人振奋的消息,他与狄拉克一道共同获得了 1933 年的诺贝尔物理学奖。1936 年,薛定谔接受了奥地利格拉茨大学的邀请,回到了祖国。但是两年后,德意志帝国吞并了奥地利,薛定谔被纳粹以"政治上不可靠"为由而解雇。此后,薛定谔在学术界朋友的关心和帮助下,于 1939 年 10 月到达爱尔兰首府都柏林。在这里,薛定谔开始了长达 17 年的侨居生活,也开始了他生命中最后一段富有创造性的征程。1941 年,都柏林高等研究院正式开学,薛定谔就任理论物理学部主任。与过去一样,这一时期薛定谔的研究领域非常广泛,包括将引力理论推广为统一场论,致力于时空结构和宇宙学的研究,继续关注统计物理学的发展等。特别著名的是,他于 1944 年还整理出版了一本经典著作《生命是什么?》,影响了一大批科学家转向生物学研究。据说这其中就包括了后来的 DNA 双螺旋结构的发现者沃森和克里克。薛定谔提出的"生命是非平衡系统并以负熵为生"就广为人知,它引导了青年物理学家开始关注生命科学,引导人们用物理学、化学的方法去研究生命的本质。薛定谔还多才多艺,出版过诗集,会四种语言。

虽然几次战争中的服役阻碍了薛定谔的科学研究,但是薛定谔的物理天才还是得到了展现。

1956 年,薛定谔决定返回他的故乡,重回维也纳大学受聘理论物理学的名誉教授。尽管薛定谔此时已年届70,他仍然坚持又授课了一年。晚年,奥地利给薛定谔很多荣誉。1957年9月,薛定谔正式退休。1961年1月4日,薛定谔因为肺结核病在妻子身边去世。遵照他生前的嘱咐,他被安葬在风景优美的阿尔皮巴赫村,在墓碑上铭刻的就是薛定谔方程,它见证了薛定谔对量子力学的基础性贡献。总之,薛定谔的一生是探索世界、寻找科学真理的一生。

很值得一提的是,对量子论的发展做出重要贡献的几乎都是年轻人。爱因斯坦在1905年提出光量子假设的时候是26岁,玻尔1913年提出他的原子结构模型时也才28岁。1925年海森伯提出第一个逻辑上完备的量子力学理论时只有24岁。德布罗意1923年提出物质波假设时是31岁。其他的在量子力学发展中名字闪闪发光的那些人物也非常的年轻:泡利25岁,狄拉克23岁,约尔当23岁,乌伦贝克25岁,古兹密特23岁。和这些年轻人比起来,薛定谔(36岁)和玻恩(43岁)简直可以算得上是老爷爷了。正是这些原因,量子力学曾经被戏称为"男孩物理学"(boy physics),这种情况其实也刚好说明了量子力学的朝气和锐气。量子力学这一段充满传奇的发展历史,也成就了科学史上永远让人遐想的佳话。

顺便来看一下历史上著名的第五届索尔维会议是很有意思的(这次会议从1927年10月24日开到29日,为期6天)。请大家看一下会议所留下的这张照片(图4.3),这是物理学史上至今最伟大的照片,它显然就是"物理

图 4.3 第五届索尔维会议参加者

学家全明星的梦之队”。这张照片使后人感到十分的惊奇，历史是如何能够在这么短的时间(6天)、这么小的会议规模(20～30人)以及这么小的一个地方里同时聚集了这么多的物理学权威。当然世界上没有尽善尽美的东西，有一点遗憾的是索末菲和约尔当没有在照片中。

4.3　薛定谔方程

在4.2节讨论薛定谔创立波动力学时，我们简单讨论过薛定谔方程。鉴于薛定谔方程在量子力学中的极端重要性，本节再花一点篇幅讨论这个方程。德布罗意的物质波的想法在当时是非常大胆的。德布罗意的导师是著名的物理学家朗之万，朗之万将德布罗意关于物质波的论文送给了当时已经非常著名的爱因斯坦，爱因斯坦对德布罗意的观点给予了很高的评价，并在自己的论文中加以引用。当时还并不著名的薛定谔通过爱因斯坦的论文了解到了物质波的概念，并产生了浓厚的兴趣。既然物质波是波，那就需要一个波的传播方程。于是在1926年(其实，薛定谔对德布罗意的物质波概念已经研究了整整一年的时间)，薛定谔发表了一个计算物质波传导的方程，称为薛定谔方程(值得在这里再写一遍)：

$$\mathrm{i}\hbar\frac{\partial\psi}{\partial t}=H\psi$$

这是量子力学波动力学形式中的基本方程(没有之一)，是描述微观世界运动法则的基本理论，是薛定谔在苏黎世大学任教期间提出的。薛定谔当时利用这个方程计算出了氢原子中的电子能量，其结果与玻尔通过量子化条件得到的结果一致。很快，薛定谔方程得到了普朗克和爱因斯坦的大力赞赏。

历史上，薛定谔方程确实是通过一些“手段”构造出来的。但是笔者认为，这个构造的过程对现在来说已经不重要了，这也许正是为什么绝大多数的量子力学教科书都没有给出这个“构造”的过程，而是直接将薛定谔方程作为量子力学的一个基本假设来叙述。本书中，我们也是直接给出薛定谔方程的。虽然是这样，还是应该指出薛定谔提出他的方程时的“立论”：量子客体的波粒二象性。但是，又可以说，在薛定谔方程被提出之后，波粒二象性这个概念就没有那么重要了，因为薛定谔方程本身就是对具有波粒二象性的单个量子客体普遍成立的动力学方程。

物理学是有结构的。物理学的每一个分支学科都有一个基本方程（或方程组）作为该学科的支柱。然后，在各种约束和初始条件下通过求解这些基本方程，就可以演绎出许许多多的结论。例如，经典力学中的牛顿方程，电磁学中的麦克斯韦方程组，热学中的热力学定律等，都是相应分支学科中的基本方程。量子力学也不例外。虽然量子力学的基本方程不止一个，但是无论哪个学派都接受把薛定谔方程作为量子力学基本方程（波动力学下）。因此，本书主要讨论的就是把薛定谔方程作为基本方程时所引申出来的各物理量和各种基本概念。可以说，薛定谔方程在量子力学中的地位和作用就像牛顿方程在经典力学中的地位和作用一样。

要想深刻地理解薛定谔方程，可能需要比较多的数学和物理学知识。因此，本书中我们只能“尽力而为”地对薛定谔方程进行讨论。只能尽量地通过语言的直叙来说明该方程的特点。

（1）薛定谔方程的解是波动的，所以 ψ 被称为波函数（在这之前，我们也称它为态函数），它就是拿来表示物质波的。薛定谔方程的提出，意味着波函数是体系的基本量，即一旦知道波函数，体系的所有性质便能确定下来。

（2）薛定谔方程的左边有一个因子 i，是表示虚数的符号，即 $\mathrm{i}=\sqrt{-1}$，也就是说 i 的平方将会得到一个负数 -1。所以，薛定谔方程的解波函数 ψ 一定是复数，就是一种波。

（3）当体系的初态 $\psi(\boldsymbol{r},0)$ 给定之后，以后任一时刻的状态 $\psi(\boldsymbol{r},t)$ 就可以由这个薛定谔方程完全确定下来。只是要注意，状态 ψ 并没有实在的对应，只有它的平方 $|\psi|^2$，才对应着找到粒子的概率。这是量子力学中最基本的概念之一。读者可以从 5.2 节比较深入地理解 ψ 和 $|\psi|^2$ 的重要区别。

（4）定态薛定谔方程是一个本征值问题。所谓本征值问题，请参考 4.5 节。

薛定谔在建立关于体系态函数 ψ 的波动方程时，他自己也并不清楚这个态函数(或波函数)是什么。他给出了一个关于态函数的半经典解释，最后被玻恩的概率解释所取代。温侧尔、奥本海默和狄拉克等依据玻恩的概率解释成功处理了卢瑟福散射以及光的色散等过程。从此，玻恩的概率解释为大家所接受。这个概率解释证实了量子力学的统计观点，经典力学中所一直公认的自然过程的完全决定性，现在必须放弃掉了。再来看一下自由粒子的情况，可以发现，其实玻恩的概率解释是"很顺的"：为了描述一个完全自由的粒子，量子力学提出"对于一个自由粒子，在空间中任意一点找到该粒子的概率是一样的"(2.1.1节)。确实对于自由粒子来说，它可以处在空间的任意一点上，而且处在各点的概率应该一样。对应于自由粒子的薛定谔方程，它的波函数就是平面波，而平面波的平方是个常数。所以很自然地，按照玻恩的概率解释，平面波(波函数)的平方可以用来描述找到自由粒子的概率(这个常数对应"在空间任意一点找到该粒子的概率是一样的")。顺便提一下，对一个自由粒子运动的描述，如果你有比量子力学的上述图像更加合理的哲学(及其数学描述)，那么你就有可能建立起比量子力学更加合理的科学理论，而那将会是人类科学的又一次巨大进步。

一个非常重要却往往被很多书籍忽略的问题是：在薛定谔方程中，一个物理系统的哈密顿量算符 $\hat{H}$ 应该采取什么形式？通常地，我们可以把经典物理学里的相互作用势的形式照搬过来(没有经典力学对应的物理量除外)，但这需要实验的检验才能确定下来。对于电磁相互作用，经典的类比已经被证明是很有效的。对于本质上很不同的引力相互作用，通过中子的引力干涉实验，也证明了经典的引力势同样适用于量子力学。

薛定谔方程提出之后，量子力学得到了迅速发展，主要的发展有三个方面：①将量子力学的方程应用到各种实际问题中，由此开创了众多新的应用领域，例如半导体物理、激光物理、超导物理、原子核物理、现代理论天体物理、量子化学以及量子计算等。这些非常重要的新学科已经成为当代文明社会的基础学科，它们都是以量子力学为理论基础的。②将量子力学与爱因斯坦的相对论相结合，建立了相对论量子力学和量子场论，并在此基础上诞生了全新的粒子物理学和现代宇宙学。到如今，粒子物理学和现代宇宙学都已经取得了极其辉煌的成就。但是至今，量子力学与广义相对论之间还不相容，建立大统一的理论是人们的理想。③继续越来越深入地探讨量子力学自身的本质问题和理论基础。费曼曾经说过，世界上没有人真正理解量子力学。量子力学的非定域性(如量子纠缠)确实可能还无人能真正理解。看来，并非只是我们这些凡夫俗子不能完全理解量子力学，即便是量子力学的创立者也还不能完全理解量子力学的本质。量子力学在以上三个方向的发展都取得了辉煌的成果。

值得一提的是，薛定谔方程是无法进行数学证明的，它就是一种猜测或者说基本假设。至于猜测得是否正确，只有等待实验的验证。到目前为止，极大量的实验都证明了薛定谔方程的正确性，同时也证明了波函数的假设及其概率解释的正确性。

最后，我们还可以采用一种较普遍的表述方式：运动方程的具体形式取决于物理系统的情况，但是总可以写出

$$\psi(t)=U(t,t_0)\psi(t_0)$$

很显然，算符 $U(t,\ t_0)$ 可称为演化算符，它把 t_0 时的态函数 $\psi(t_0)$ 演变成时刻 t 时的态函数 $\psi(t)$。很容易验证，对应于薛定谔方程(见本节前面部分)的演化算符应该是

$$U(t,t_0)=\mathrm{e}^{-\mathrm{i}H(t-t_0)/\hbar}$$

4.4 波函数的概率解释

薛定谔建立了关于波函数 ψ 的动力学方程，即薛定谔方程。因为薛定谔方程形式上同经典物理学的波动方程很像，所以把 ψ 叫作波函数，这一名称一直被沿用。最初，薛定谔自己也没有搞清楚这个波函数 ψ 的确切意义，一直到玻恩(图 4.4)提出概率诠释才算有了正确的解释。1926 年夏，玻恩在使用薛定谔方程处理散射问题时为了解释散射粒子的角分布而最早提出了"波函数的概率解释"。玻恩在一篇题为"散射过程的量子力学"的论文中指出："对于散射问题，仅有薛定谔的(量子力学)形式能够胜任。基于这一点，我愿把它看成是对量子规律最深刻的描述。"玻恩在这篇论文的清样中

加了一个短短的注释:"散射后粒子在空间某一方向出现的概率,正比于波函数的平方。"这就是波函数概率解释的最初版本。

图 4.4 玻恩

玻恩认为,在薛定谔方程中波函数所描述的并不像经典波那样对应着什么实在的物理量,而仅仅是一种描绘粒子在空间的概率分布的概率波而已。也就是说,玻恩正确地指出了,波函数 ψ 的平方代表了粒子在某个"地点"出现的概率。这一解释后来成为量子力学中最深刻的一个表达,它避免了薛定谔的物质波解释所带来的许多难以说清楚的困难。所以,电子不会像波那样扩展开来,只是电子出现的概率像一个波,而这个波由薛定谔方程确定。玻恩的概率解释很快得到了大家的认同,而这最根本的原因当然是它能非常合理地解释已有的各实验事实。

有人说,玻恩开创了仅凭一个短短的注解就获得诺贝尔物理学奖(1954年)的先例。这种说法当然是有所"夸张"的,玻恩在量子力学的发展过程中一直都非常活跃,他对海森伯的量子力学矩阵形式的完善并最终取得成功做出了重要贡献。他也是哥本哈根学派中第一个接受薛定谔量子力学的人。设想有一个名不见经传的人,在那个年代在他的论文的注解中提出波函数的概率诠释,要得到物理学界的普遍认同恐怕也不是那么容易的。波函数的概率解释是玻恩提出的,但有一本书认为(见参考文献[14],阿米尔·艾克塞尔著)：爱因斯坦实际上比玻恩知道得更早；而另一本书却说(见参考文献[3]，金尚年著)：爱因斯坦和薛定谔对玻恩的解释有所保留。或许，面对有些相互矛盾的文献，我们只需看到，最早出现概率解释的历史文献应该归于玻恩。

在经典物理学中，存在所谓的拉普拉斯决定性：即宇宙是完全被决定的。拉普拉斯认为，存在一组科学定律，只要我们完全知道宇宙在某一时刻的状态，便能依照这些定律预言宇宙将会发生的任何一个事件。例如，如果我们知道某一时刻太阳和行星的位置和速度，就可以使用牛顿运动定律求出任意其他时刻太阳和行星的运动状态。可见，在经典力学中，这种宿命论是显而易见的。哪怕在经典统计物理学中，虽然有运用统计决定性来计算系统的宏观性质，但系统中每个微粒或者每个运动过程也都被认为遵从拉普拉斯的因果性，而宏观性质正是对这些个别过程的统计平均的结果(更多的请见思考题的讨论)。但是，在微观世界里，我们便无法预言一个微粒的运动(如果说想预言的话，那也只能说是统计学意义上的预言)。现在，按照玻恩的波函数 ψ 的统计解释，在量子力学中是不存在拉普拉斯决定性的，一开始占支配地位的就是统计决定性(这是很重要的)。玻恩曾说过："在量子力学里满足波动方程的波完全不代表物质粒子的运动，它们仅仅决定物质的可能状态。"玻恩还说道："粒子运动遵循概率定律，而概率本身按照因果律传播。"玻恩的这句话很好地概括了量子力学的统计本性。将玻恩的叙述与薛定谔方程联合起来看，就能够很好地帮助我们理解量子力学不同于经典力学的本性。

玻恩提出的概率不是简单而直接地对应于波函数 ψ，而是对应于 ψ 的模的平方(模方)，也就是说，波函数 ψ 并不直接对应着概率，它的模方才是概率。与电磁场不同，量子力学中的 ψ 本身没有直接的物理实在性，它是对应于概率的平方根这样一个非物理量，这才是真正的惊人之处。应该知道，ψ 不是一种物理波动(不是实在的物理量)，但它能够给出各种实在物理量的取值和变化的知识(参见 4.5 节)。所以，波函数是体系的基本量，也就是说，一旦 ψ 被求出，那么所有的物理量的平均值都可以由相应的力学量的算符和波函数的积分求出。总之，按照玻恩的概率解释，如果我们想要判断一个微粒将会出现在哪里，只能用可能出现的概率的方式来表述（图 4.5），而薛定谔方程使我们有能力做出各种概率性的预言。

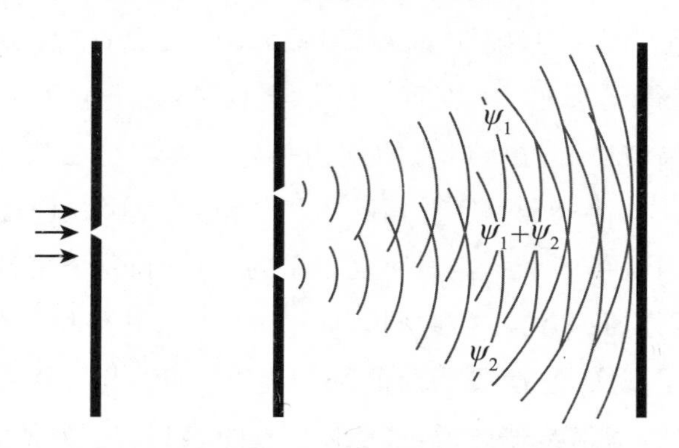

图 4.5 概率波的干涉，概率波决定粒子到哪里去

在物理学中，一般来说，一个观点正确与否是可以有明确的“判据”的。如果由某个观点作为出发点，所推导出的各种物理现象的数值结果与实验结果完全相符（在实验误差范围内一致），那么这样的观点被认为是正确的。对于量子力学发展历史中的很多争论，情况也是这样。例如，关于波函数的概率解释，在玻恩提出这个解释之后，从量子力学方程式获得的结果就与经验事实实现了可靠的一一对应的关系。派斯说，玻恩的这一贡献导致了量子革命的终结。或者说，概率解释从根本上完成了量子力学的概念体系，即量子力学从此得到了它自己非常独特的基本概念。因此，量子力学完全摆脱了经典物理学的观念，走上了成熟的发展道路。现在，许多量子力学大咖都认为，波函数的概率解释代表了量子力学的精华。

最后，由于波函数的概率解释，使得波函数本身存在两个重要的特点（对专业人士而言是重要的）：

（1）波函数有一个常数因子的不定性。也即，$\psi(\boldsymbol{r})$与$C\psi(\boldsymbol{r})$（C为常数）所描述的相对概率分布是一样的：

$$\frac{|C\psi(\boldsymbol{r}_1)|^2}{|C\psi(\boldsymbol{r}_2)|^2}=\frac{|\psi(\boldsymbol{r}_1)|^2}{|\psi(\boldsymbol{r}_2)|^2}$$

（2）波函数还有一个相角的不定性。这是因为即便波函数是归一的，仍然有一个模为 1 的因子的不定性，即 $e^{i\alpha}$（α 为相角）乘上 $\psi(\boldsymbol{r})$，$e^{i\alpha}\psi(\boldsymbol{r})$与

$\psi(\boldsymbol{r})$描述了同一个概率波。

下面我们"八卦"一点玻恩的轶事,这不得不谈到"迟到的诺贝尔奖"。

玻恩对量子力学的基础性贡献(矩阵力学的发展)以及对波函数的统计性解释,理应获得诺贝尔奖,然而诺贝尔奖委员会一直把玻恩的工作忽视了。诺贝尔奖给玻恩心里所造成的创伤一直都埋在他心底,即使在他的自传中也很少提及。他只是曾经对自己的长子说:"(这件事)曾深深地刺伤了我。"当海森伯因获得诺贝尔奖而回复玻恩的贺信时说:"这一工作是哥廷根合作的成果,是你、我和约尔当共同完成的,然而却只有我一个人拿到了奖。这件事已经成了现实,它使我感到很愧疚。"1933 年,当薛定谔获悉自己获得诺贝尔奖时,也曾写信给玻恩说:"当时我真的感到有些发懵,因为我觉得领这个奖的应当是你。"

1953 年,玻恩从爱丁堡大学退休回到德国,在哥廷根附近定居下来。次年年底,玻恩终于获得了诺贝尔物理学奖,此时他已经 72 岁了。应该说,这真是一个迟到的诺贝尔奖,它本应该在大约 20 年前就颁出了。玻恩是量子理论的创建人之一,为什么会被瑞典皇家科学院所遗漏,这不得不谈到诺贝尔奖的评审程序。诺贝尔奖的提名过程分三轮进行。第一轮提名由各诺贝尔奖委员会向世界各地的有关科学家征询候选人名单,大约会有 2000～3000 名知名的科学家收到提名候选人的邀请;第二轮由各委员会对第一轮候选人名单进行遴选和评审;第三轮由瑞典皇家科学院召开院士大会进行投票。这其中,诺贝尔奖的各委员会成员的作用尤其重要。玻恩最初一直不能获奖就是因为物理科学委员会的成员奥辛个人对量子力学的看法导致的。

玻恩对量子力学矩阵力学形式的贡献离不开约尔当(1964 年,约尔当甚至声称,"论量子力学"的论文几乎就是他一个人的贡献。不过,这时玻恩已经生病了)。约尔当在量子史话中确实一般被着墨不多,但其实他对量子力学的建立和完善有着重要的贡献。约尔当于 1903 年出生在德国的汉诺威,他是一个害羞和内向的人,说话有点口吃,总是结结巴巴的,所以很少授课或发表演讲。约尔当是物理学史上两篇重要论文"论量子力学"Ⅰ和Ⅱ的作者之一,可以说也是量子力学的主要创立者。除了对量子力学的矩阵力学的重要贡献，他在量子场论、电子自旋以及量子电动力学中也做出了很大的贡献。约尔当后期对自己的成就被低估感到恼火，他的名声远远不及玻恩和海森伯。有一件严重的事情是，他在第二次世界大战期间成为纳粹的同情者，这显然不利于他的声名。

4.5 量子力学的基本假设和数学框架

对一般的读者来说，本节的内容会显得有些无聊。读懂本节需要不少数学知识。但是，对于真正希望了解“量子力学的数学框架是什么”的学生来说，本节内容是必须好好理解和掌握的。这意味着在阅读后面各节内容时，你可能得多次地回到本节。可以看到，大部分的数学公式都集中在本节中。

了解量子力学的数学框架对于利用量子力学解决实际问题具有根本的重要性。正如在前言中所提到的，在了解了量子力学的数学框架之后，即便不能理解量子力学中的许多基本概念、原理和哲学基础，也可以熟练地应用该数学框架求出各种力学量的值(平均值)。量子力学的数学框架本身也是简单和易于理解的，只要熟悉量子力学的几个基本假设就可以了。所以，本节有必要认真叙述一下量子力学的几个基本假设(需要强调的是，这些讨论都是基于薛定谔的波动力学理论框架之下的)。为了尽量简单明了，我们基本上是以马杰诺的讲法为基础(并参考了关洪 1990 年出版的《量子力学的基本概念》一书)，再配合我们认为合适的解释和说明来讨论量子力学的基本假设。由于这些最基本的假设是整个量子力学体系的前提，通常被称为“公设”(postulate)，以区别于解决具体问题时所做的假设(assumption，hypothesis)。

需要说明的是，本书没有追求严格的公理化的理论体系，只是一般性地概括了量子力学理论结构所需要的基本假设。此外，这也不是逻辑上最节省的概念体系。

公设(1)：描写物理系统的每一个力学量都对应于一个线性算符。

显然，为了清楚地解释公设(1)，需要明确什么是物理系统？什么是力学量？什么是算符？以及什么是线性算符？

什么是“物理系统”？由于量子力学的研究对象是微观粒子，所以“物理系统”是指含有一个或数个微观粒子，也可以是含有大量微观粒子的系统。那么什么是微观粒子呢？既然叫作微观粒子，那它一定不同于经典物理学下的质点或微粒。对于经典粒子，通常只有固有质量和固有电荷这两个特征量。而对于微观粒子的精确描述，则需要诸如静止质量、电荷、自旋、宇称、同位旋……一组特征值。这里的自旋、宇称和同位旋这样的性质在经典粒子中是没有对应物的。

什么是“力学量”（有些书里也用“力学变量”）？最常见的力学量有位置、动量、角动量、动能、势能、哈密顿量（能量）等。什么是算符？算符就是对函数的一种运算。我们先来看一下一般的算符，例如$\sqrt{\psi}$、ψ^*、$V(\boldsymbol{x})\psi$、$\frac{\mathrm{d}\psi}{\mathrm{d}x}$就可以分别被看作是算符对波函数的平方根、取复共轭、乘上$V(\boldsymbol{x})$以及作一阶导数。相应地，$\sqrt{\quad}$、$()^*$、$V(\boldsymbol{x})$、$\frac{\mathrm{d}}{\mathrm{d}x}$就对应着作平方根、取复共轭、乘上$V(\boldsymbol{x})$以及作一阶导数的算符。量子力学中，所有的力学量都对应着一个线性算符。需要注意的是，与系统的能量E相对应的算符被称为哈密顿算符$\hat{H}$，这是经典力学流传下来的叫法。此外，关于时间t，它不是量子力学里的力学量，所以它没有对应的算符表示。这一点与相对论中的描述是很不一样的，在相对论中，$(x_1,x_2,x_3,\mathrm{i}ct)$三个空间坐标与$\mathrm{i}ct$是等价的。在量子力学中，算符用$\hat{O}$来表示，即在相应的字母上加一个小帽子，以区别于一般的量。

对一般的算符而言，它们的运算规则与数的运算规则是很不一样的。两个算符的乘积可以是不对易的（当然并非所有的算符的乘积都是不对易的），而两个数的乘积则一定是对易的。所谓对易，指的是$\hat{A}\hat{B}=\hat{B}\hat{A}$或$\hat{A}\hat{B}-\hat{B}\hat{A}=0$。不对易，当然就是指$\hat{A}\hat{B}\neq\hat{B}\hat{A}$或$\hat{A}\hat{B}-\hat{B}\hat{A}\neq0$。算符不对易的一个简单例子是：开平方根与平方这两个算符就是不对易的。例如，对一个负数(-2)先平方再开根号可得：$\sqrt{\quad}()^2(-2)=\sqrt{4}=\pm2$，而先开根号

后平方 $()^2$ $\sqrt{\ }$ (-2)在实数域里面则是没有意义的。

公设(1)说明,量子力学中的每一个力学量都对应一个线性算符。所以我们还得说明,什么是线性算符。需要注意的是,线性算符是指该算符对态函数 ψ 的运算是线性的,而不是说该算符本身是线性的。就是说,算符本身完全可以包含二阶导数或二阶偏导数这样的东西(参考薛定谔方程)。具体来讲,如果一个算符 $\hat{A}$,满足以下条件,那么它就是一个线性算符:

$$\hat{A}(c_1\psi_1 + c_2\psi_2) = c_1\hat{A}\psi_1 + c_2\hat{A}\psi_2 \quad (c_1、c_2 \text{ 为常数})$$

所以,量子力学"看不起"一般的算符,像平方或者开平方根这样的算符都不入量子力学的"法眼",只有所谓的线性算符才能进入量子力学的"家庭",而且还只有厄米算符才能入量子力学的"家门"。在量子力学中,算符就是对波函数(或态函数)的一种运算。量子力学里面的力学量算符必须是线性厄米算符,这是由于任何力学量的测量值都是实数,所以要求所有与力学量对应的算符都只能有实数的本征值。这样的话,算符就只能是厄米算符了。

公设(2):每次测量一个力学量所得的结果,只可能是这个力学量所对应的算符的所有本征值中的一个。

为了说明什么是本征值,我们来看一下什么是本征值问题:如果算符 $\hat{F}$ 作用在一个函数 ψ 上,其结果等于该函数乘上一个常数 λ,即 $\hat{F}\psi=\lambda\psi$,则该方程就称为算符 $\hat{F}$ 的本征值方程,其中 λ 为算符 $\hat{F}$ 的本征值,ψ 为属于 λ 的本征函数。

公设(2)规定了一个力学量的测量值与对应的力学量算符的本征值之间的直接对应关系。可以说,力学量的测量值谱就是该力学量相应算符的本征值谱。每一次测量某力学量,所得结果一定是该力学量算符对应本征值中的一个,至于是哪一个本征值则完全是随机的(这种随机性我们还会数次讨论到)。公设(2)给出的对应还只是初步的,还不知道测量值在规定的谱上是如何分布的。这是下面公设(3)要给出的。

理解公设(2)是理解量子力学的关键点,这是极其重要的。能够自觉地运用公设(2)才表明对量子力学最重要的部分是理解的。公设(2)实际上意味着,体系的波函数应该是体系所有本征函数的线性组合。这里强调了"所有的"本征函数。试想某一个本征值 E_i 对应的本征函数 ψ_i 没有被包括在波函数的线性组合之中,那么对这样体系的测量将不会出现本应该出现的本征值 E_i,这就违背公设(2)的含义了。当然在实际的工作中,如果某些状态是否出现对体系的影响并不大(或者说,重要的那些本征值相应的本征函数都已经包括在线性组合中了),那么波函数的线性组合可以近似是不完整的。

厄米算符有以下重要的性质:它对应于不同本征值的本征函数是正交的;而且厄米算符的本征函数组是完备的。这两个性质在量子力学的具体运用中是很重要的(至于什么是正交的,什么是完备的,可参考其他量子力学书籍)。

公设(3):当系统处在态 ψ 时,对与算符 $\hat{F}$ 对应的力学量进行多次测量,所得到的平均值是

$$\bar{F}=\frac{\int \psi^* \hat{F} \psi \mathrm{d}\tau}{\int \psi^* \psi \mathrm{d}\tau}$$

平均值在量子力学中也被称为期待值。上式中的分母就是所谓的归一化因子。我们通常可以使用已经归一化了的波函数,即上式分母等于1,那么,我们就有一个更加优美的表达式:$\bar{F}=\int \psi^* \hat{F} \psi \mathrm{d}\tau$。

可以看到,在这个力学量平均值的计算公式中引进了统计决定论的波函数,所以它与经典物理中的决定论的描述是很不一样的。公设(2)只是为单次测量的结果假定了一般的可能取值。为了确定现实的具体测量值,需要对多次的测量结果做假定,这就是公设(3)的内容和目的。

公设(3)实际上构成了量子力学数学框架的主要内容。换句话说,使用公设(3)就可以求出一个力学量的平均值:只要先求出描述体系的态函数 ψ,再进行上式的积分就可以了(尽管积分本身也可能是非常复杂的)。当然,要求出体系的态函数 ψ,就需要求解薛定谔方程,而这通常也是一个很艰巨的任务。

公设(4)：态函数 ψ 随时间的演化，遵从薛定谔方程：

$$\mathrm{i}\hbar\frac{\partial}{\partial t}\psi=\hat{H}\psi$$

在量子力学(波动力学形式)中，这是最为基本的方程了。它是非相对论情况下的基本动力学方程。也即，公设(4)说得很清楚，这个方程能够给出波函数随时间的演化。还可以看到，在这里，薛定谔方程不是推导出来的，而是直接作为一个公设提出来的。正如在经典力学中一样，牛顿的运动方程也不是推导出来的，也是一个基本假设。

虽然薛定谔方程的左边是对时间的一阶偏导数，但是因为有虚数因子 i 的存在，所以方程是一个波动方程，有波动解。方程中的哈密顿量算符 $\hat{H}$ 为动能与势能算符之和：$\hat{H}=\hat{T}+\hat{V}$。如果 $\hat{V}(\boldsymbol{r},t)$ 含时间，则对应的量子体系 $\hat{H}(\boldsymbol{r},t)$ 也含时，说明粒子是在随时间变化的势场中运动，这种情况称为非定态问题。但是在很多情况下，$\hat{V}(\boldsymbol{r})$ 并不显含时间，这时粒子是在一个固定的与时间无关的势场中运动，这种情况称为定态问题。至于哈密顿算符要如何写出，可参考 4.3 节的讨论。

有一个非常重要的特例是应该要理解的，这就是完全不受任何约束的自由粒子的运动问题，即 $\hat{V}(\boldsymbol{r})=0$ 的情况。这时，薛定谔方程为

$$\hat{H}\psi=\frac{\hat{P}^2}{2m}\psi=E\psi$$

这个方程的解就是自由粒子的波函数：

$$\psi(\boldsymbol{r},t)=A\mathrm{e}^{\frac{\mathrm{i}}{\hbar}(\boldsymbol{p}\cdot\boldsymbol{r}-Et)}$$

该波函数就是一个平面波。稍有数学基础的人可以将这个解代回原方程验证。在 2.1.1 节中我们讨论一个自由粒子的运动时，就多次提到这个平面波。薛定谔方程已经在 4.3 节中单独进行了细致的讨论。

公设(5)：系统内任意两个全同粒子互相交换，都不改变系统的状态。

这里的“系统”指费米子系统或玻色子系统。这一公设也被称为全同性原理。这里面有一个重要的概念，即“全同粒子”。它是指微观粒子是完全

不可辨认的，例如，这个电子和另外一个电子是完全等同的，因为它们具有相同的质量、电荷、自旋、宇称等内部量子数。微观粒子的这种全同性在根本意义上不同于宏观物体。假设有一些刚刚生产出来的小钢珠，我们的眼睛可能很难分辨出两颗钢珠的不同，但是这也仅仅是我们的眼睛无法分辨而已，两颗钢珠是一定有办法分辨的。所以，“全同性”是微观世界有别于宏观世界的一个重要特征。

公设(5)提到，“将任意两个全同粒子互相交换，不改变系统的状态”。这并不是说不改变体系的波函数 ψ(而是波函数的模方不会改变)。恰恰相反，波函数是否改变，取决于这些全同粒子的本性。我们发现，微观粒子分为两类，一类称为玻色子，另一类称为费米子。所谓玻色子是指自旋为整数的粒子，它们遵从玻色-爱因斯坦统计，不遵守泡利不相容原理，所以允许多个玻色子占有同一个状态，在低温时可以发生玻色-爱因斯坦凝聚。而费米子是指自旋为半整数（1/2，3/2，…）的粒子，它们服从费米(图 4.6)-狄拉克统计。费米子满足泡利不相容原理，即不能有两个或两个以上的全同费米子出现在相同的量子态中。实际上，交换两个全同粒子，波函数可能会发生变化。所以，公设(5)还可以陈述为：由全同粒子组成的系统，按照这些粒子的本性(玻色子或费米子)，全同玻色子体系总是用全对称态函数描写，即任意交换两个玻色子，体系的波函数不变；全同费米子体系总是用全反对称态函数描写，即任意交换两个费米子，体系波函数要加上一个负号。可以证

图 4.6　费米

明，这种交换对称性质是不随时间变化的。

以上给出了量子力学的五个公设。除了量子力学的这些基本假设，量子力学中还会出现一些基本的“原理”，它们都是不能通过数学证明的。只要某物理规律被称为“原理”，那么这个规律就是无法被证明的（和无需证明的），它们是否正确要通过从该原理获得的结果是否与实验结果（人类实践）相符来判断。哪怕有非常多地方理论与实验都是相符的，只要有一处不相符，就可以证明某些基本原理还是不够“基本”，需要做出修正或者被彻底打倒。

其实，物理学家恨不得某个基本物理方程在某些情况下变得不适用，这样大家就可以去寻找更一般的基本方程了。而这样的事情是非常刺激的，物理学家都期望有这样刺激的事情发生。当然，遇上这样刺激的事情也是很不容易的。目前，暗物质和暗能量还是完全未知的东西，它们有什么性质大部分还是未知的。它们自己是如何相互作用的？它们与正常的物质和能量又是如何相互作用的？这些都是非常吸引人的研究领域。谁知道在发现暗物质和暗能量后还需不需要稍修改一下广义相对论（引力理论）？爱因斯坦已经是物理学（和整个科学）领域中的圣人，能够修改圣人的理论当然是很刺激的。

物理学的理论（当然还有其他一些科学）是非常精确的科学，或者说，是一门非常追求精确的科学。一个物理量或物理概念的背后一定要对应着一个精确的数学表达式，没有这种数学对应的物理量很可能就不是一个重要的物理量了（仅代表作者个人观点），这在物理学各个分支的发展中都有体现。

可以看到，能量在量子力学的基本假设里是个很特殊的量（有很特别的地位），薛定谔方程就是从能量对应的哈密顿算符 $\hat{H}$ 开始的。就是说，量子力学的物理出发点是从能量开始的，或者说很多的物理分析是从能量的分析开始的。最后可以指出，如果你读到的量子力学基本假设的形式有别于这里给出的形式，那也是有可能的。使用密度矩阵的方法，就可以重新表述量子力学的这些基本假设和数学方程式。

4.6 非相对论性量子力学的第三种形式

非相对论性量子力学实际上有三种形式。按照其理论创建的时间前后来说，为：①1925 年由海森伯创建的矩阵力学形式；②1926 年由薛定谔创建的波动力学形式；③在 1948—1950 年由费曼创立的路径积分形式。这三种形式都是逻辑上完备的量子力学理论，而且已经从数学上证明了它们是完全等价的。波动力学是目前最为广泛被采用的形式，一般的普通量子力学教科书也都采用这一理论体系。费曼(图 4.7)的路径积分形式也是量子力学的一种非常重要的形式，因为它非常适合于场论。

图 4.7 费曼

费曼有一本名著名为《量子力学与路径积分》，从书中可以看到，费曼为了达到自己“可以告人”的目的，真的是“不择手段”地重新构建了整个量子力学，或者说他完全重构了量子力学计算的数学框架。举一个很简单的例子来看看费曼是怎样“重新构造”量子力学的。来看一下最简单的关于自由落体的情况。牛顿力学认为,自由落体只能有一条确定的路径从 A 点垂直地落到 B 点;量子力学认为,轨道或轨迹的概念是不合时宜的(已经被抛弃了),所以只可以说在 A 点或 B 点出现的概率如何;而费曼的路径积分方法则认为,从 A 点到 B 点,一个粒子可以走任意可能的路径(图 4.8)。1947 年,费曼对他的博士论文进行了修改,使之成为了一种普遍性的理论。1948 年,该理论正式发表,由此创立了量子力学的路径积分方法,即把从初始态到终末态的所有在空间-时间中的可能路径所贡献的振幅都叠加或积分起来,以构成总振幅(费曼在此发明了所谓的“路径积分”)。

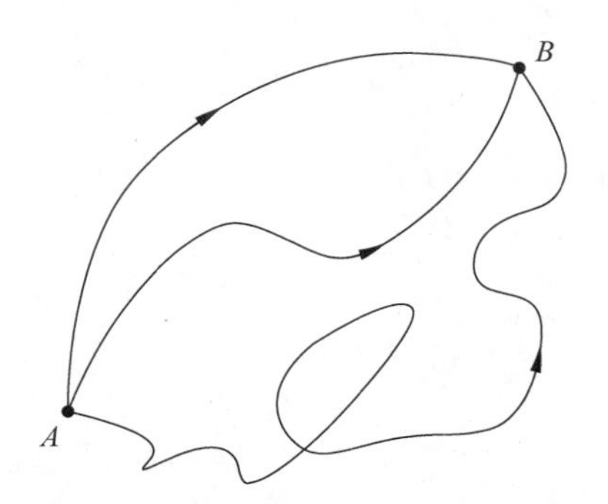

图 4.8 从 A 点到 B 点的任意路径

费曼被誉为是继爱因斯坦之后最睿智的美国物理学家。他才二十几岁时,年长的维格纳(诺贝尔物理学奖获得者)就赞扬过:“他是第二个狄拉克。”从费曼创建路径积分形式的量子力学体系来看,他的手法确实是革命性的(基本上是完全的创新)。著名物理学家、费曼的挚友戴森曾经这样描写过他:“费曼是个极具独创性的科学家。他不把任何人的话当真,这就意味着他得自己去重新发现或发明几乎全部物理学。为了重新发明量子力学,他专心致志地工作了五年。他说他不能理解教科书中所教的量子力学的正统解释,所以必须从头开始,这实在是个壮举。”费曼就是一个不迷信任何权威的人,最终独立发展了继矩阵力学和波动力学之后的量子力学的第三种表达形式——路径积分方法。费曼的一生多彩多姿,他的各种故事也传颂一时。他喜欢待在酒吧里做科学研究,当那个酒吧因妨碍风化而遭到取缔时,他出庭为其辩护。他对理论物理有重大贡献,以量子电动力学上的开拓性理论获得了诺贝尔物理学奖。在物理学界费曼是一个传奇性的人物。

量子力学的路径积分形式是1948—1950年由费曼创立的。这个理论的核心是如何构造量子力学中的传播子(propagator)，而传播子包含了量子体系的全部信息。这可以从形式上类比于薛定谔的波动力学，即波动力学的核心是构造体系的哈密顿算符，而哈密顿量包含了量子体系的所有信息。但是，在物理意义上，路径积分形式是不同于波动力学的。路径积分理论直接把传播子与经典力学中的作用量联系了起来，路径积分理论与经典力学的拉格朗日形式有着密切的关系。

让我们来稍稍深入一点。按照费曼的假设，传播子写为

$$K(\boldsymbol{r}''t'',\boldsymbol{r}'t')=\int \mathrm{e}^{\mathrm{i}S[\boldsymbol{r}(t)]/\hbar}\,D[\boldsymbol{r}(t)]$$

其中，

$$S[\boldsymbol{r}(t)]=\int_{t'}^{t''}L(\boldsymbol{r},\dot{\boldsymbol{r}},t)\,\mathrm{d}t$$

S 是依赖于粒子轨道 $\boldsymbol{r}(t)$ 的泛函(注：方括号指的是泛函，圆括号()代表通常的一般函数)。在这里，S 式中积分的道路包含了对初点和终点($\boldsymbol{r}(t')=\boldsymbol{r}'$，$\boldsymbol{r}(t'')=\boldsymbol{r}''$)上连续变化的一切可能的路径。这是一个很不好理解的路径(图4.8)。公式中 K 的积分也是对连续变化的一切可能的路径求积分。

如果说，路径积分形式的理论只是作为矩阵力学和波动力学的等价形式的话，那它就不会有太大的意义。应该指出，路径积分理论有一些重要的优点。例如：①易于从非相对论形式推广到相对论形式，因为作用量是一个相对论性不变量。所以，路径积分方法对于场量子化有着特殊的优越性。这就是为什么路径积分理论在量子场论中有非常重要的应用。②把含时问题和不含时问题纳于同一个理论框架中来处理。对于量子力学的三种形式，它们虽然是等价的，但是各有特点(优点)。用非常专业的话来叙述：海森伯的矩阵力学是量子力学的一种代数形式；薛定谔的波动力学是量子力学的一种微分方程的形式(局域性描述)；费曼的路径积分形式是量子体系的一种整体性的描述。

*4.7 费曼的生平和轶事

本节只是供大家消遣，让大家了解一个物理学家的一生可以非常富有传奇色彩。先来看费曼的生平：理查德·费曼，1918 年 5 月 11 日出生在美国纽约市皇后区的一个犹太家庭，并在长岛南岸的法罗克维长大。费曼的父亲非常重视对孩子的教育，当费曼长大一点时，就带他去博物馆，并且给他读《不列颠百科全书》，然后用自己的语言耐心地解释。后来费曼愉快地回忆道："没有压力，只有可爱的、有趣的讨论。"费曼很快就开始自己读《不列颠百科全书》了，并对上面的科学和数学文章尤其感兴趣，却觉得人文科学枯燥无味。他甚至认为英语的拼写太缺乏逻辑性，所以成年以后他似乎仍不太擅长拼写。

1935 年，费曼高中毕业后进入麻省理工学院学习，最初主修数学和电力工程，后转修物理学。1939 年以优异成绩毕业于麻省理工学院，毕业论文发表在《物理评论》(*Physical Review*)上，内有一个后来以他的名字命名的量子力学公式。之后，费曼到普林斯顿大学当惠勒的研究生，致力于研究量子力学的疑难问题：发散困难。1942 年 6 月，他在普林斯顿大学获得理论物理学博士学位。同年与高中相识的恋人艾琳结婚。1942 年，24 岁的费曼加入美国原子弹研究项目小组，秘密参与了研制原子弹项目的"曼哈顿计划"。1945 年，艾琳去世。同年，"曼哈顿计划"结束，费曼到康奈尔大学任教。1950 年，他转到加州理工学院担任托尔曼物理学教授，直到去世。其间，于 1965 年费曼因在量子电动力学方面的贡献与施温格、朝永振一郎一同获得诺贝尔物理学奖。费曼提出了费曼图、费曼规则和重正化的计算方法，这是研究量子电动力学和粒子物理学不可缺少的工具。费曼也是第一个提出纳米概念的人。他曾经是曼哈顿计划理论组的小组长。在加州理工学院期间，因其幽默生动、不拘一格的讲课风格深受学生欢迎。他的一系列讲座被收集在一起，出版了著名的《费曼物理学讲义》。1986 年，费曼参与调查"挑战者号"航天飞机的失事事件。

费曼是诺贝尔奖得主，被公认是近代最伟大的理论物理学家之一。一方面，费曼曾经和爱因斯坦和玻尔等物理学大师讨论物理问题；另一方面，费曼是一个在巴西桑巴乐团担任鼓手，偷偷打开放着原子弹机密文件的保险柜以及在赌城跟职业赌徒一起研究输赢概率的诺贝尔物理学奖获得者。费曼在《别闹了，费曼先生》一书中有这样一种说法："伟大的数学家冯·诺依曼教会了我一个很有趣的想法：你不需要为身处的世界负任何责任。由此我就形成了强烈的社会不负责任感，从此成为一个快乐逍遥的人。大家听好了，我的不负责任感全都是由于冯·诺依曼在我思想上撒下的种子而起的！"这应该只是费曼自己的一种说辞而已。

有很多关于费曼的有趣的故事。我们也在这里摘录几则，以供大家消遣。

1）怪异的爱好

据费曼女儿的回忆：在参与"曼哈顿计划"的过程中，费曼承受了巨大的心理压力。他和同事们几乎是夜以继日地工作，经常忘掉什么是时间。也许是为了松弛自己紧绷的神经，费曼找来各种样式的锁具进行拆解组装，并很快掌握了各种锁具的开锁方法。后来他瞄上了保险柜，几乎不费多长时间就掌握了不同保密级别的保险柜密码的规律，打开不同品牌的保险柜成为他研究工作之外的拿手好戏。后来，整个洛斯阿拉莫斯实验室（美国原子弹研究的重地）几乎没有他打不开的门或者柜子。他的这种搞怪行为让这个全世界保密级别最高的核研究基地数度如临大敌。他取出另一个研究小组的保密资料后还会留下一张字条："这个柜子不难开呀"，核基地的保安人员曾被吓出一身冷汗。

2）坦诚犀利

晚年费曼有一段精彩的经历。那就是参与1986年"挑战者号"航天飞机事故的调查。他一改过去做学问的"学术风格"，带着疑点深入到设计、制造、操作航天飞机的技术人员和发射人员那里去了解情况，还亲自到残骸旁仔细观察。最后，他以惊人的速度找到事故的关键原因，令整个美国为之震撼。在揭秘真相的那一天，参与调查的专家们各自陈述了自己的结论。他们都是从各自的专业范畴出发，冗长的数字、生僻的术语，自然是淋得非专业人员一头雾水。

轮到费曼发言时，他没有立即开讲，而是向会议主持者要来一杯冰水，然后把航天飞机的关键部件——燃料箱的密封橡胶圈放了进去。所有人的目光都被吸引到那个水杯上，大家屏息凝神地等待他的结论。5分钟后，他拿出橡胶圈轻轻一折，橡胶圈便断成两截。费曼紧盯着手里的橡胶圈说："发射当天的低气温使橡皮环失去膨胀性，导致推进器燃料泄漏，这就是问题的关键。"后来，人们将这一幕说成是20世纪最动人的科学实验之一。

3）一生挚爱

1942年，费曼与艾琳·格林鲍姆结婚。他们从高中开始相恋，约会了六年以后才正式订婚。当费曼去普林斯顿大学深造时，艾琳发现自己颈部有一个肿块，并且持续疲惫和低烧了几个月，最后被诊断为结核病。费曼得知检查结果后，认为自己应该跟她结婚以便很好地照顾她（尽管他父母反对）。于是，1942年6月29日，在去医院的路上，一位治安官员主持了他们的结婚仪式。尽管这时费曼已经忙于曼哈顿计划的研究工作，他还是尽心竭力地照顾艾琳。从他们结婚那天直到艾琳去世，她一直在医院里卧床休养。费曼平时工作繁忙，只有到周末才能驱车赶到医院，与艾琳待在一起。一周当中的其他日子，这对年轻夫妇就互相写信。为了避过安全人员的检查，他们为自己的书信设计了一套特殊的密码。

1943年春天，普林斯顿大学的科学家们被转移到洛斯阿拉莫斯的实验室，费曼非常不放心艾琳。曼哈顿项目主持人奥本海默在洛斯阿拉莫斯以北60英里的阿布奎基找了一所医院，让艾琳住在那里，这样费曼就可以安心工作了。随着第二次世界大战进入白热化，费曼的工作压力越来越大，每次看到丈夫那瘦削的脸庞，艾琳都会心疼地问："亲爱的，你到底在做什么工作，能告诉我这个秘密吗？"每次，费曼总是一笑说："对不起，我不能。"

1945年6月16日，艾琳永远地闭上了眼睛，那时他们结婚才三年，离即将要进行的第一次核爆炸也只有一个月了。弥留之际，艾琳用微弱的声音对费曼说："亲爱的，现在可以告诉我那个秘密了吗？"费曼咬了咬牙，说："对不起，我不能。"

1945年7月16日清晨，一处秘密试验基地，费曼和同事们亲眼看到了那道强光穿透了黑暗，接下来，一片由烟雾和爆炸碎片构成的黑云冲天而起，渐渐地形成了蘑菇云……“亲爱的，现在我可以告诉你这个秘密了……”，费曼喃喃自语道。突然间他意识到，艾琳已经不在了，泪水夺眶而出。

艾琳已经离开他很久了，费曼还在给她写信。像以前那样，用只有他们俩才看得懂的文字。不同的是，每次写完信，费曼都要在信的结尾加上一句：“亲爱的，请原谅我没有寄出这封信，因为我不知道你的新地址。”当费曼因获得诺贝尔奖而接受采访时，他说：“我要感谢我的妻子……在我心中，物理不是最重要的，爱才是！爱就像溪流，清凉、透亮……”

思考题

4.1 牛顿力学和量子力学对“自由粒子”的描述有何不同？

4.2 什么是本征方程？什么是本征值？什么是本征函数？

4.3 为什么称薛定谔方程中的 ψ 为波函数？

4.4 波函数是量子力学中最重要的概念，波函数的意义是什么？它有哪两个不确定性？

4.5 如何理解波函数的叠加与经典波的叠加之间的深刻差别？

4.6 什么是玻色子？什么是费米子？对它们波函数的对称性有什么要求？

4.7 量子力学几种表述的等价性如何？费曼的路径积分表述有哪些优点？

第5章 更多的量子力学原理

5.1 测不准关系

测不准关系,也称为不确定性关系,还称为测不准原理或不确定性原理。测不准关系在量子力学中的地位一直存在很大的争论,有各种莫衷一是的讲法。测不准关系是 1927 年由海森伯提出的,从提出之日起,已经过去了近一个世纪。关于这一关系究竟是量子力学理论中具有独立逻辑地位的原理,还是可以由量子力学的基本假设出发得到的推论,一直没有统一的说法。现在很多教科书都表述为测不准关系,所以我们在这里也采用这一名词。

很多人不认可测不准关系可以称为一个原理(即不可推导或证明的东西),很大原因可能是因为历史上测不准关系是可以被推导出来的。1927 年,Kennard 在一篇综述文章中第一次利用量子力学的数学方程式证明了海森伯的测不准关系,而且在导出测不准关系的不等式时没有依赖任何具体的模型。1928 年,外尔在《群论和量子力学》一书中,首次把测不准关系写进书里。而且由于泡利的建议,外尔使用施瓦茨不等式也推导出了测不准关系;1929 年,Robertson 成功地把外尔的方法用到任意两个不对易的力学量 A 和 B 上,得到了一般情况下两个力学量间的测不准关系。现在大多数的量子力学教科书实质上都是基于 Robertson 的推导(有所改写而已);1930 年,薛定谔还改进了 Robertson 的结果,使之具有更加严格的形式。

1934年，Popper指出：既然从量子力学的基本原理可以导出测不准关系，这一关系就应当作为一个推论，而不应该作为量子理论的逻辑体系中有独立地位的原理(对测不准关系的严格推导没有超越态函数的概率诠释)。

在1927年提出测不准关系的论文里，海森伯指出："如果谁想要阐明'一个物体的位置'(例如一个电子的位置)这个短语的意义，那么他就要描述一个能够测量'电子位置'的实验，否则这个短语就根本没有意义。"在这里，我们通过"约束"的概念提供一个容易理解的图像来说明对"电子位置"的测量，以及什么是测不准关系：当一个电子完全自由时，由于它可以处在空间中的任意位置，而且处在任意位置的概率是一样的，所以其位置的不确定度为无穷大。但是此时电子的动量具有完全确定的值，其不确定度为零。现在假设对这个自由电子施加一点点约束，这样电子就不完全自由了，处在空间中各处的概率也变得不一样了(例如，出现在有约束的地方的概率会大一些)，这就导致其位置不确定度变小了一些，同时动量就出现了一些不确定性。当所加的约束非常强时，电子就可能被限制在一个非常小的区域内，这时位置的不确定度就变得很小，但是这时电子动量的不确定度就会变得很大(玻尔认为，这实际上是由于粒子具有波动性的缘故)。测不准关系的意思就是说，电子位置的不确定度和动量的不确定度的乘积必须大于一个常数，即普朗克常量的1/2：

$$\Delta x \cdot \Delta p \geqslant \frac{\hbar}{2}$$

如果是这样的话，位置的不确定度和动量的不确定度就不能同时为零(特殊情况是：如果一个趋于零，另一个则会趋于无穷大，以便让其乘积满足上面的测不准关系)。容易看到，测不准关系"规定"了一个原则：不能同时精确地测量一个粒子的位置和动量。测不准关系是量子力学特有的，它没有经典物理的对应物。

海森伯指出，量子客体(微观粒子)具有成对的属性。对物体的一个属性的了解越准确，对其另一个属性(共轭量)的测定就会越不准确。也就是说，我们永远无法同时精确地测量一对共轭的物理量。例如，我们无法同时既测出一个粒子的准确位置，又测出这个粒子的准确动量。对一个量测量的越准确，对其共轭量的测量将会越不准确。前面看到，如果想把粒子约束到空间的一个点上，就势必会导致粒子的动量有无穷大的不确定性。那么，什么是"共轭量"呢？在量子力学中，从数学上讲，就是满足

$$[\hat{A},\hat{B}]=\hat{A}\hat{B}-\hat{B}\hat{A}=\mathrm{i}\hbar$$

式中的一对 $\hat{A}$ 和 $\hat{B}$ 算符就是共轭量。除了已经讨论过的位置和动量是共轭量，能量和时间、角动量和位相也分别是共轭量。实际上，Robertson 正是根据这个关系式，加上施瓦茨不等式，导出了测不准关系式的。字面上，"共轭"的本意是：两头牛背上的架子称为轭，轭使两头牛同步行走。共轭即按一定的规律相配的一对(在物理中一般描述的是以某轴为对称的两个物体)。可见，共轭是说两个对象之间具有某种对应的关系，通过对其中一个对象的性质的了解，可以根据这种对应了解另一个对象的性质。量子力学中共轭量所具有的重要性质就是满足测不准关系。

测不准关系可以有最一般的表述，就是对任意两个不对易的力学量 A 和 B，可以有如下一般意义下的测不准关系(A 和 B 必须是共轭量)：

$$\Delta A\cdot\Delta B\geqslant\frac{1}{2}\mid[A,B]\mid$$

对测不准关系物理意义上的解释并不简单。测不准关系中的所谓"不确定度"到底是指对单个微观过程进行测量的可能误差？还是指在相同条件下进行多次测量的统计偏差呢？这一直存在不同的意见。认为是"单次测量的不确定度"的解释被称为测不准关系的非统计解释。海森伯就把单次测量中的不确定量说成是测量值的精确度或精度，而通常又把精确度当作实验误差来理解。从 20 世纪 50 年代开始，经过马杰诺等的努力，越来越多的人开始认为应该在多次测量的统计意义上解释测不准关系。因此，这也被称为测不准关系的统计解释。这时，"不确定度"指的是多次测量的统计散布。现在看来，测不准关系的统计解释这一结论可以从经受过无数次实验检验的量子力学基本原理推导出来，因此在逻辑上是可靠的。实验上没有观察到与这一结论相矛盾的情况。

测不准关系是一个不等式，它有下限而没有上限。直接利用测不准关系来求物理量的精确值有一定的困难。但是测不准关系常常可以用来定性

地估计一个物理系统的基本特征。例如：在中子被发现之前，有人认为原子核是由质子和电子构成的，这种看法当然是不对的。可以利用测不准关系来判断一下电子能不能待在原子核中：我们知道原子核的半径小于 10^{-12} 厘米，如果电子处在原子核中，那么它的位置不确定度为 $\Delta x \leqslant 10^{-12}$ 厘米。使用测不准关系，很容易求出电子动量的不确定度，继而求出电子的能量大约应该在 20MeV 附近，但是实际上从原子核里面出来的电子的能量只有约 1MeV，这与理论估计值相差几十倍。可以判断，电子并不在原子核中(可参考本章思考题)。后来，中子被发现后，人们发现电子是在核衰变中产生的。

最后，关于测不准关系，牛津大学的莫里斯给我们提供了一个非常形象又很有意思的描述：想象一下，我们正准备给一个高速从身边飞过的物体拍照。现在来考虑两种情况。第一种情况是，我们非常神速地按下快门，从而将物体的形态在底片上定格下来。由于快门按得很快，可以想象我们应该能够非常清楚地在照片上看到物体的形象。但是，这种情况下我们将无法从照片上看出物体是如何在空中运动的，我们甚至只能猜测，物体像是静止在空中一样。另一种情况是，我们不紧不慢地以较慢的速度按下快门，那么在这样拍出的照片中，我们将无法非常清楚地分辨出物体的具体形态，但是模糊的物体的像却可以展示出物体的运动情况。总而言之，如果我们想看清楚高速飞行的物体，那就将无法看清楚物体的运动情况；反之，如果我们想知道物体的运动情况，那就将难以看清物体的形态。

5.2 态叠加原理

态叠加原理是量子力学中一个非常重要的基本原理，在量子力学的各个方面被广泛使用(如果你不是来读小说的话，务必掌握它)。它与 4.5 节中的量子力学公设(2)一起，构成了量子力学理论和数学框架的一个重要方面。对于希望通过本书获取量子力学计算能力和技巧的同学来说，态叠加原理和量子力学的公设(2)是必须理解和牢记于心的。

量子力学中态叠加原理可以表述为：对于一般的情况，如果 ψ_1 和 ψ_2 是

体系的两个可能状态(两个本征态),那么,它们的线性叠加

$$\psi = c_1\psi_1 + c_2\psi_2$$

也是这个体系的一个可能状态。由于薛定谔方程是线性的,这一点很容易通过薛定谔方程得到验证。

态叠加原理预示着,如果 ψ_1 和 ψ_2 描述粒子的两个可能状态,那么当粒子处在它们的线性叠加态 Ψ 时,粒子是既处于态 ψ_1,又处在态 ψ_2 的。更进一步地讲,如果本征态 ψ_1 对应的本征值为 A_1(该状态下的测量值),本征态 ψ_2 对应的本征值为 A_2,那么测量线性叠加态 Ψ 得到的值既有可能是 A_1,也有可能是 A_2,相应的概率之比为 $|c_1|^2/|c_2|^2$,这是因为测量线性叠加态 Ψ 得到 A_1 的概率为 $|c_1|^2$(假设波函数已经归一化,而这总是可以做到的),得到 A_2 的概率为 $|c_2|^2$。可见(很重要地),量子力学中这种态的叠加,会导致在叠加态下观测结果的不确定性!态叠加原理就是与测量密切联系在一起的一个基本原理。

对于更加一般的情况,态 Ψ 可能表示为许多态的线性叠加,即

$$\Psi = c_1\psi_1 + c_2\psi_2 + \cdots + c_n\psi_n + \cdots$$

注意,在量子力学中,这些系数 $\{c_1, c_2, \cdots, c_n, \cdots\}$ 都是复数!为什么会是复数,可以追溯到薛定谔方程中使用的复数因子。同样地,当粒子处在线性叠加态 Ψ 时,粒子既部分地处于态 ψ_1,又部分地处在态 ψ_2,…,又部分地处在态 ψ_n…。只有对系统进行测量之后,才知道得到的值是 A_1,还是 A_2,…还是 A_n…。

现在,让我们把态叠加原理与4.5节讲到的量子力学公设(2)联合起来考虑。公设(2)表达的是:“**每次测量一个力学量所得的结果,只可能是这个力学量所对应的算符的所有本征值中的一个**。”认真考察这个公设,实际上它意味着,体系的真正波函数 Ψ 应该是体系所有的本征态($\psi_1, \psi_2, \cdots, \psi_n, \cdots$)的线性组合。为什么呢?可以这样来看:假设有一个本征态 ψ_m 没有被包含在上面的线性组合之中,那么根据公设(2),对这个态进行测量时,测量值中将不可能出现 A_m(ψ_m 对应的本征值)。而实际的体系中 A_m 是应该出现的,因为它相应的 ψ_m 是体系的本征函数。显然,不包含本征态 ψ_m 的线性组合将违背公设(2)。可见,所有的本征态都必须被包含在线性组合之

中,以便保证所有的本征值在测量时都可能出现。

总之,体系的波函数 Ψ 应该是体系所有本征态($\psi_1,\psi_2,\cdots,\psi_n,\cdots$)的线性组合。有一个非常清晰的例子就是氢原子中的电子波函数(这是少数几个可以完全有解析解的例子,请见 7.3 节):

$$\psi(r,\theta,\varphi)=\sum_{n=1}^{\infty}\sum_{l=0}^{n-1}\sum_{m=-l}^{+l}a_{n,l,m}R_{n,l}(r)Y_{l,m}(\theta,\varphi)$$

这个波函数的表达式中含有这么多的求和号就是为了把体系所有的本征态都线性组合起来。值得指出的是,在这个例子里,求和号对应于体系的本征值是分立值的时候。如果本征值是连续的,那么求和可以进化为积分,6.1 节就有一个使用积分号的例子,是爱因斯坦等提出 EPR 佯谬时用到的。

量子力学中态的叠加指的是波函数的叠加,这与经典物理中若干波的叠加是完全不同的。经典波的叠加是某种物理实在的叠加,而对于波函数的叠加,波函数本身并不直接对应着物理实在,只有它的平方才对应着一种概率。这样的话,我们就有下面这个重要的式子:

$$\begin{aligned}|\Psi|^2&=(c_1\psi_1+c_2\psi_2)^2\\&=|c_1\psi_1|^2+|c_2\psi_2|^2+c_1^*c_2\psi_1^*\psi_2+c_1c_2^*\psi_1\psi_2^*\\&=|c_1\psi_1|^2+|c_2\psi_2|^2+\text{干涉项}\end{aligned}$$

可以说,量子力学的复杂性就因为有上面式子中的干涉项。或者,我们也可以"高兴"地说:量子现象的丰富多彩就包含在上面那些交叉项(也即干涉项)不为零里面了!如果没有这一干涉项,这个世界将变得非常"简单",不过,将会出现一个完全不同于我们现在世界的一个"简单而又奇怪"的世界。理解态叠加原理以及很多量子力学现象的复杂性都是因为有了上式中的最后一项。

5.3 泡利不相容原理

1925 年,泡利提出"泡利原理",即所谓的泡利不相容原理。这个原理原来指的是在原子中不能容纳运动状态完全相同的两个或更多个电子。事实上,泡利不相容原理不止是对原子中的电子有效,它对所有的费米子(自旋为半整数的粒子）都是有效的。也就是说，泡利不相容原理可以表述为：**全同费米子体系中不可能有两个或两个以上的粒子同时处于相同的单粒子态**。泡利本人就因为提出该不相容原理和中微子假设而获得了1945年度的诺贝尔物理学奖。泡利不相容原理是我们认识许多自然现象的基础，例如，埃伦费斯特于1931年就指出，由于泡利不相容原理，在原子内部的被束缚电子才不会全部掉入最低能量的原子轨道上，它们必须按照顺序占满能量越来越高的原子轨道。因此，原子会拥有一定的体积，物质也才会有那么大块。泡利不相容原理如图5.1所示。

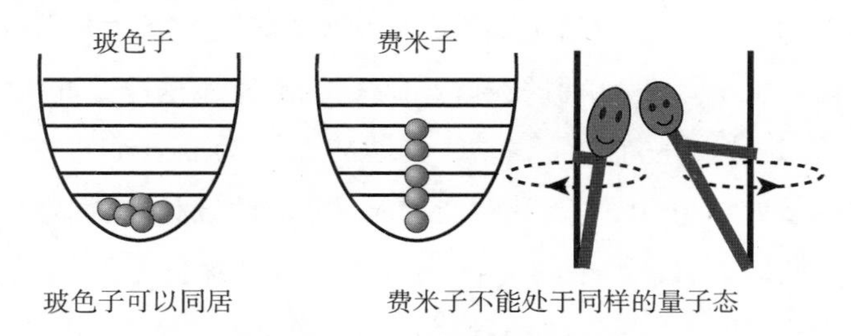

图5.1 泡利不相容原理示意图

泡利是在汉堡宣布他发现了不相容原理的。如今，泡利不相容原理被公认为是原子物理学的基石之一。泡利发现这个原理时才25岁。年纪轻轻就做出了如此重大的发现，泡利自己却开玩笑地说他的发现是一个"骗局"。当然不相容原理不是一个骗局，它有很深远的后果，可以解释元素周期表的周期规律。事实上，泡利原来就是为了说明化学元素周期律而提出泡利不相容原理的。人们知道，原子中电子的状态由主量子数n、角量子数l、磁量子数m_l以及自旋磁量子数m_s所描述，因此泡利不相容原理早期的表述是：**原子内不可能有两个或两个以上的电子具有完全相同的4个量子数（n、l、m_l、m_s）**。后来，人们发现泡利不相容原理也适用于其他的费米子，如质子、中子等。但是玻色子不服从泡利不相容原理（玻色子即自旋为整数的粒子）。

1940年，泡利由理论推导出粒子的自旋与统计性质之间的关系，从而证实了不相容原理是相对论性量子力学的必然后果。1967年，戴森与雷纳给出了严格证明，他们计算了吸引力（电子与核子间）与排斥力（电子与电子、核子与核子间）之间的平衡，推导出了重要结论：假若不相容原理不成立，则普通物质就会坍缩，变为只占有非常微小体积的东西。

泡利是因为不相容原理以及中微子假设的提出而获得1945年的诺贝尔物理学奖的。因此，我们在这里简单叙述一下中微子的故事。1925年，英国物理学家埃利斯和伍斯特精确地测量了β衰变实验中辐射的能量，证明了β辐射谱是连续的，而且还证明了并没有出现使能量损失的任何机制。所谓的β衰变，是指一个原子核释放一个β粒子（电子或者正电子）的过程。该衰变分为β^+衰变（释放正电子）和β^-衰变（释放电子）。这里面当然还有中微子参与，正是我们要讨论的。随着β衰变，新核在元素周期表中的位置会向后移一位。实验表明，α射线和γ射线的能谱都是分立的，而只有β辐射谱是连续的，这成了一个谜。最初，玻尔甚至认为β衰变中对于每个电子的发射过程能量并不守恒，β衰变的能量守恒只有"统计的意义"。泡利坚决不同意这个看法。在1929年的一次会议上，泡利就公开反对玻尔的主张。1930年，泡利明确提出"在β衰变过程中，伴随着每一个电子有一个轻的中性粒子一起被发射出来"。泡利认为，考虑这个中性粒子的能量就可以保证每个单一过程中体系的能量守恒。这个中性粒子被泡利称为"中子"，其实是"中微子"。后来，在世界放射协会的大会上，泡利以公开信的形式（因为没有参加）更加明确地说明了中微子的性质：电中性，自旋为1/2，遵从不相容原理，传播速度小于光速，质量非常非常小。泡利写这封公开信的时候，正是他与妻子离婚后的一个星期，他用对中微子的思考来减轻他的痛苦。至于中微子的实验验证，则姗姗来迟，从预言到实验发现经历了20多年。1953年的下半年，当中微子终于被实验验证的消息传来时，泡利说道："好事终会降临给那些知道如何耐心等待的人。"

泡利在量子力学的发展中起到了举足轻重的作用，而且他的个性极其鲜明。所以，我们在这里稍稍多费些笔墨来叙述一下泡利的生平。

泡利（图5.2），出生于1900年4月25日的维也纳，但是他的根实际上却是在布拉格，因为泡利的祖先是布拉格著名的犹太大家族。他的祖父和父亲都诞生在布拉格，祖父是一位很有名的犹太文学作家。由于当时社会上出现了一阵阵的反犹太思潮，泡利一家决定举家迁往维也纳，并将犹太大姓帕斯卡尔斯(Pascheles)改为泡利。据说,一直到泡利16岁的时候他才确认自己是一名犹太人的后裔,而且本不姓泡利。泡利是迎着20世纪的到来而来到这个世界的。泡利出生的这一年年底,普朗克提出了划时代的量子概念。

图 5.2 索末菲(左)和泡利(右)在一起

泡利的父亲沃尔夫是一位医学化学家,他与著名的哲学家马赫家族的两代人都很熟识,因此马赫成了小泡利的教父。马赫的思想曾经影响了20世纪的一些著名科学家,例如,爱因斯坦就承认,马赫对于空间和时间的探索性思考曾经刺激了他在相对论方面的研究工作(虽然爱因斯坦最终对马赫的实证主义的观点持批评态度)。对于像泡利这样聪明绝顶的孩子,马赫给了他很多激励,这发展了他的智力。泡利的母亲是基督徒和犹太人的后裔,维也纳歌剧院的著名歌唱家,有着深厚的学养。泡利从小受到良好的家庭教育,他和妹妹成长在科学、文学和艺术兼备的家庭气氛之中。

泡利早熟,应该说是一个神童。他从童年时代起就受到科学的熏陶,从中学起就自修物理学。他喜欢阅读科学和哲学书籍。中学时,因为课内学业对他来说太过于轻松,泡利就把爱因斯坦的相对论书放在桌底下偷偷阅读。中学毕业前,他就完成了一篇广义相对论方面的论文,而且质量非常高。18岁那年,泡利中学毕业,经过再三考虑,泡利决定离开故乡去慕尼黑投奔索末菲。他带着父亲的推荐信来到慕尼黑大学拜访著名的物理学家索末菲(泡利的父亲和索末菲是好友)。索末菲是一流的物理学家,他培养出了好几位世界级的科学家。泡利要求不上大学而直接读索末菲的研究生,索末菲对这位少年奇才早有所闻,所以当时并没有拒绝。不久,索末菲便认识到泡利的突出天赋,于是泡利就成为慕尼黑大学最年轻的研究生(多么有弹性的制度)。

泡利来到慕尼黑的第二年,就接连发表了两三篇论文。读博期间,泡利替索末菲为德国《数学科学百科全书》撰写了相对论部分。后来,泡利以此为基础完成了一部长达237页的广义相对论书稿,并于1921年问世。此书得到了爱因斯坦的高度评价:“这部书稿竟然出自一个年仅21岁的青年之手。”这本书的出版至今已过百年,这期间曾多次再版。泡利的博士论文讨论的是氢分子系统的结合能,他为此做了一系列复杂的计算。他的博士论文不仅有严密的物理逻辑、高质量的数学推导,还有对结果的精密分析。泡利凭此论文顺利地拿到了博士学位。不过,因为德国的学校有规定,所以他不得不“坐等”至第六个学期才拿到博士学位。

1921年10月,完成博士期间的学习后,泡利离开慕尼黑来到哥廷根,担任玻恩的研究助理。泡利的到来让玻恩非常兴奋。玻恩曾经试探着向索末菲要过泡利,但是索末菲不放,原因是泡利必须在慕尼黑完成博士学位。当了6个月的玻恩助手后,泡利决定接受玻尔的邀请前往哥本哈根。1922年秋,泡利来到哥本哈根。后来的事实证明,这一年的哥本哈根之行,为泡利的事业开辟了新的天地。泡利除了协助玻尔,也开始了自己的研究。特别值得一提的是,他试图解释反常塞曼效应,而使自己陷入了“泥潭”。1923年,泡利结束了一年的哥本哈根访问,被汉堡大学晋升为“无薪大学讲师”(这并非没有收入,只是薪金来自学生的学费)。此时,他才23岁。这一时期,泡利还在努力寻找反常塞曼效应的谜底。1925年,泡利提出著名的泡利不相容原理(前面已细述)。

1937—1938年,第二次世界大战蔓延。1938年11月9日和10日两天,德国纳粹开始对德国境内的犹太居民实行大清洗,这就是著名的“黑衫行动”。甚至德国的物理杂志也被纳粹控制,只收录纯雅利安作者的文章。所以，泡利回德国是不可能了。此时，泡利正在瑞士的苏黎世，此处紧邻德国，也开始了一阵阵的反犹宣传。泡利和太太申请加入瑞士国籍的申请遭到拒绝，这更加使泡利意识到危险正在逐步逼近。当时，泡利正好接到美国普林斯顿高等研究所的邀请，所以他决定离开苏黎世前往美国。由于战争的缘故，泡利夫妇前往美国的旅途也是一波三折（不予细述）。在美国，泡利则受到广泛的欢迎，很多著名的大学邀请他去讲学，他也开了很多讲座。但是，因为泡利只是访问教授的身份，所以没有固定的职位和收入。1940 年之后，泡利只能依靠洛克菲勒基金会的补助生活，每年只有 5000 美元。尽管泡利在美国时取得了不少研究成果，但是研究经费的问题仍一直困扰着他。1943 年，洛克菲勒基金会的补助更是减少到了每年 3000 美元。到了 1945 年，普林斯顿高等研究所想给他一个工资丰厚的全职教授职位，但附加了一个约定，这意味着泡利必须成为美国公民才能获得这个职位。对此，泡利说道："难道祖国也像女人一样，一个人不能拥有两个吗？多一个、少一个又有什么影响呢（这里没有歧视女性的意思）？是不是我不能有这个奢望呢？我真的是不懂了。"泡利作为对量子力学做出非常重要贡献的人物，我们好像不该在钱的问题上这样对待泡利。很快，到了 1945 年 11 月，一个振奋人心的消息从斯德哥尔摩传来，泡利获得 1945 年度的诺贝尔物理学奖。年底，在泡利获奖的庆祝会上，高等研究所的主任宣布，泡利被指定为该研究所的新成员，而且希望用不了几个星期的时间，泡利和夫人就可以成为美国公民。

泡利在学问上无疑是博学而严谨的，只是生活上语言尖锐，"为人刻薄"。但是这并不影响他在同时代物理学家心中的地位。20 世纪初是一个人才辈出、群雄并起的年代，是物理学史上最辉煌的年代。即便如此，泡利仍然被视为这一时代空中最耀眼的巨星之一。

由于泡利的个性极其鲜明，所以留下了很多有趣的"故事"，有的是值得思考的轶事。应该说，泡利为人非常坦率，常把礼节和礼貌抛到一边，为此他常被人视为咄咄逼人。在这里，我们试图给出一些关于泡利的故事。

（1）在学术界，泡利以尖锐的目光、严苛的批评、奇特的视角以及准确的判断而著称。所以，埃伦费斯特给他起了一个绰号叫"上帝的鞭子"，意为泡利差不多对所有人都提出过批评。虽然泡利常常批评别人的工作"连错误都谈不上”(not even wrong),但是他仍然得到了普遍的尊敬,玻尔就称他“有颗公正的物理良心”。泡利确实对几乎所有人都有过批评,但是这当中也有一个人是例外,那就是索末菲(图 5.2)。泡利在索末菲面前总是毕恭毕敬,斯文谨慎。可以说,泡利一辈子唯独没有批评过的人就是他的恩师索末菲。

(2) 海森伯提出矩阵力学的初期,玻恩曾经有意与泡利合作研究这个矩阵问题。但是泡利对此持强烈的怀疑态度,他竟然以他特有的尖刻语气对玻恩说:“我就知道你喜欢那种冗长和复杂的形式主义,但你那一文不值的数学只会损害海森伯的物理思想。”玻恩是泡利的导师,而泡利的性格就是这般的,玻恩是充分理解的。有趣的是,泡利在证明新理论的结果与氢原子的光谱符合得很好时,竟然就动用了“极其冗长和复杂”的数学。

(3) 泡利发现了著名的“不相容原理”,有人说,生活中的泡利也是与他人“不相容的”。坊间甚至还流传着一个所谓的“泡利效应”(这可不是什么正规的物理效应),就是说:“只要泡利一进实验室,实验室的仪器设备一定非出毛病不可。”有两则关于“泡利效应”的笑话不妨在这里简单叙述一下。第一则笑话是说,因为有泡利效应,大名鼎鼎的实验物理学家斯特恩一看到泡利要来,就会关上实验室的大门。即便有问题要讨论,他们也是隔着实验室的门进行。另一则笑话是说,欧洲某著名的实验物理学家正在做实验,突然实验数据毫无理由地出现异常(如剧烈抖动),对此却查不出任何原因。后来才发现,原来那天泡利坐火车从镇上经过。

(4) 从学生时代起就成为泡利好友的海森伯说,他和泡利一起散步时所学到的物理知识,比从索末菲讲座中学到的还要多。海森伯虽然取得了无与伦比的成就,但是他声称,论文不拿给泡利看他从来不会拿去发表。一些无论是年轻还是资深的物理学家,也往往这样做。这是因为泡利总是能够敏锐地指出论文中的错误之处。在泡利的学生中也流传着这样一种说法,那就是他们可以问任何问题,而不必担心问题太愚蠢,因为任何问题对泡利来说都是愚蠢的。当然,泡利毕竟是人而不是神。泡利也有数次对本有相当可取之处的想法提出了批评,在一定程度上阻碍了相关研究的进展。例如,他拒绝接受克罗尼格提出的电子自旋的概念,导致克罗尼格痛失自旋的优先发现权，甚至丢掉了诺贝尔奖，这无疑是遗憾的。

最后，从网络上摘抄几句（这不是笔者的杜撰），用来说明泡利是如何“为人刻薄”的：

从不批评 = 极为敬重

偶尔批评 = 比较敬重

偶尔表扬 = 有点敬重

狠狠批评 = 正常朋友

5.4　量子隧道效应

量子隧道效应是量子力学中的一个特殊效应，在经典力学中并没有相应的效应。考虑如图 5.3 所示的一个方形势垒，按照经典力学的观点，如果粒子的能量小于势垒的高度（指所对应的能量），那么粒子将不能进入势垒，全部被反弹回去。反之，如果粒子的能量高于势垒，则粒子将完全穿过势垒。经典力学的这个结论来自经典的物质观，即粒子就是粒子，不具波动性。但是，从量子力学的观点来看，粒子是有波动性的，所以有可能会有部分波（概率波）可以穿过势垒，有部分波则被反射回去。根据波函数的概率解释，我们就会得到结论：粒子会有一定概率穿过势垒，也有一定概率被反射回去。这种粒子能够穿过比它动能更高的势垒的现象，就称为量子隧道效应（简称隧道效应或隧穿效应）。

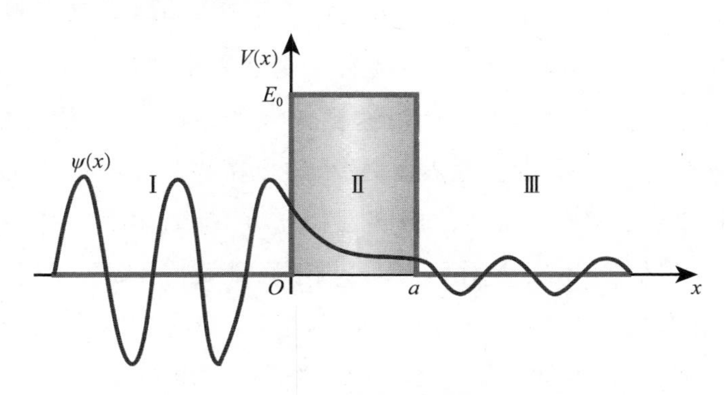

图 5.3　量子隧道效应

现在，量子隧道效应已经是理解许多自然现象的基础。关于量子隧道效应的物理解释请见本章后面的思考题。1957年，江崎玲於奈在改良高频晶体管的时候发现，增加pn结两端的电压时电流反而减小（与欧姆定律的预言相反）。江崎把这种反常的负阻现象解释为隧道效应。江崎由此发明了隧道二极管（江崎二极管），可以用作低噪声的放大器、振荡器或高速开关器件，频率可达毫米波段。江崎因此于1973年获得了诺贝尔物理学奖。

在两层金属之间夹一层很薄的绝缘层，就可以构成一个电子的隧道结。电子穿过绝缘层，便是隧道效应。隧道效应有很多应用，而且大多是很重要的应用。获得1986年诺贝尔物理学奖的扫描隧道显微镜（STM）就是基于隧道效应的，STM现在已经是电子和原子结构分析必不可少的工具了。

隧道效应是粒子的波动性引起的，只有在非常特定的情况下，这种效应才会显著。量子力学的推导表明，粒子的透射系数与势垒的宽度、势垒的高度、粒子能量与势垒高度的差以及粒子的质量都有非常敏感的依赖关系。所以在宏观实验中，很不容易观测到粒子隧穿势垒的现象。让我们来看以下几个特征情况下的透射率：设电子的动能为1eV（电子伏），势垒高度为2eV，势垒宽度为2Å（$1Å=10^{-10}$ m），那么透射系数约为0.51；如果我们把势垒宽度增加到5Å，则透射系数会减到约0.024（可以看到透射的可能性迅速减小）；如果我们把电子换成质子，由于质子的质量大约是电子质量的1840倍，如果势垒宽度仍为2Å，这时质子的透射系数约为2.6×10^{-38}。可见，质子的隧穿概率差不多就是零。笔者曾经听到来自学生的一种说法，认为一个人只要坚持不懈地撞墙，总归会有一次从墙中隧穿过去。这是一种没有数量级概念的说法。对于人和墙这样的宏观物体来说，隧穿的概率从数量级上说就是零。如果你坚持认为，极小的概率也是一种概率的话，那么我们可以这样来看：从宇宙诞生之时起人就开始不断地撞墙，一直撞到现在宇宙的年龄已经是140亿年了，那么还是极不可能隧穿的（概率仍然是无穷小的）。人的德布罗意波长与墙的厚度比起来，实在是太太太微不足道了，所以每一次撞墙，一个人能够隧穿过墙的概率都是无穷小的。

5.5 薛定谔的猫

1935年,也就是在爱因斯坦等提出"EPR悖论"的同一年,薛定谔提出了后来被称为"薛定谔的猫"的理想实验(图5.4)。因为这实在是太著名了,我们也在此简单讨论一下。历史上,薛定谔本人一开始并不认同自己提出的波函数被赋予概率解释,所以他提出这个理想实验,目的在于说明这里将出现的"死活参半"的猫的状态是不会有人相信的,希望以此驳倒波函数的概率解释。但是历史上,物理学界并没有因为"薛定谔的猫"的责难而动摇对量子力学波函数概率解释的信念。

图5.4 薛定谔的猫

"薛定谔的猫"的理想实验大意如下:在一个密不透光的箱子里关着一只倒霉的活猫,箱子里有一根极细的绳子吊着一个锤子,锤子下方有一个玻璃瓶,瓶内密封着极毒的药物。细绳受到一个光子的打击就会断掉,然后锤子落下玻璃瓶必然会被打碎,毒药就会溢出,猫必死无疑。现在假定,光子由某种机制射入箱子(或由箱子中的辐射源发出),光子打中细绳的概率是1/2(完全随机的)。现在来看量子力学的正统解释是如何描述这样一个系统的(本书采用一种清晰简洁的叙述方式)。

在光子发射之前,锤子不会落下,所以毒药不会溢出,猫必定是活的,其状态可以用 $\Psi_{活}$ 描述。当射进一个光子后,还没有把箱子打开时,描述猫的状态的波函数应该是怎么样的呢?由于光子打中细绳的概率是1/2,这时候猫有两种可能的状态,即猫是死的(用 $\Psi_{死}$ 描述,这时光子击中绳子),或猫还活着(用 $\Psi_{活}$ 描述,这时光子没有击中绳子)。或者说,猫有两个本征态 $\Psi_{死}$ 和 $\Psi_{活}$。由此,根据4.5节的量子力学公设(2),在箱子打开之前,体系的波函数应该是 $\Psi=\frac{1}{\sqrt{2}}\Psi_{死}+\frac{1}{\sqrt{2}}\Psi_{活}$,即猫的状态是既非死的也非活的,而是“死活参半”的状态,称为“叠加态”。当箱子打开之后,猫的状态则必定是确定的,要么是活的 $\Psi_{活}$,要么是死的 $\Psi_{死}$。可见,这里有一个非常诡异的又死又活或非死非活的猫出现,这是非常难以直观理解的(也是我们下面要认真讨论的)。实际上,哥本哈根解释告诉我们,上面描述的系统有三个定态:①光子发射之前猫处于定态 $\Psi_{活}$;②光子发射之后但还没有打开箱子时,$\Psi=\frac{1}{\sqrt{2}}\Psi_{死}+\frac{1}{\sqrt{2}}\Psi_{活}$;③箱子被打开之后的定态 $\Psi_{活}$ 或者 $\Psi_{死}$。除了这三个定态,还有两次跃迁:①在发射光子之后,猫的状态从 $\Psi_{活}$ 跃迁到 $\Psi=\frac{1}{\sqrt{2}}\Psi_{死}+\frac{1}{\sqrt{2}}\Psi_{活}$ 叠加态;②箱子被打开时,猫的状态又发生一次跃迁,这时既可能从叠加态跃迁到 $\Psi_{活}$,也可能跃迁到 $\Psi_{死}$(注意,这里的定态跃迁是没有时空过程可言的)。这就是量子力学正统派对“薛定谔猫”的解释。值得指出,这里有一个完全的随机性1/2,正是这个完全的随机性才使得猫可以处在“活的”和“死的”的“叠加态”中。这个完全的随机性在经典物理中是不存在的。整个过程的关键恰恰就在于这个1/2(更多的讨论,请见思考题)。

上面所述的猫处于“既死又活”的状态是很“奇怪”的。但是,按照量子力学的哥本哈根学派的诠释,量子力学只回答观测结果是什么的问题。量子力学只从观测的结果看概率问题。所以,量子力学不回答这个诡异的,又死又活的猫态的出现问题,量子力学只回答观测的结果(死或活的问题)。在海森伯创建量子力学的第一篇论文中已经对此有明确的表述。海森伯指出,原则上,只有可观测量才可以进入物理学,不可观测量在物理学中是没有意义的。这在前面我们也讨论过了。量子力学听起来就是那么“霸道”,凡是测量不出来的物理量它就可以不予“承认”。像电子在原子中的位置、运动轨迹、运动速度、加速度等这些在经典物理学当中耳熟能详的概念,在量子力学中就一概被抛弃,因为它们都是不可观测量。所以,“测量”二字在量子力学中以及在理解量子力学的时候有非常特殊的重要性。量子力学的霸道有它的道理，既然不能测量出某个物理量，那么这个物理量就可能不是必需的（而是多余的）。综上所述，玻尔的定态跃迁假设、海森伯的可观测量的思想，以及玻恩的波函数的概率解释，三者结合起来，使得现行的量子力学有了完整而坚实的物理基础。

现在来看"薛定谔猫"的另一种说法。至此，一定会有人提出，在发射光子之后和打开箱子之前，猫处于"死活参半"的状态（死活是同时存在的）实在是太难以理解了，也与我们的日常经验严重相悖。著名科学家维格纳（1963 年诺贝尔物理学奖获得者，图 5.5）想了一个新的办法，他说：我让一个朋友戴着防毒面具和猫一起待在那个箱子里，我躲在门外。这样对我来说，这只猫是死是活我不知道，对我来说猫应该是既死又活着的。事后我问在箱子里戴着防毒面具的朋友，猫是死的还是活的？朋友肯定会回答，猫要么是死的要么是活的，不会说猫是半死不活的。由此可见，这个戴着防毒面具的朋友，他实际上对猫的状态进行了观察，所以死活的叠加态就不存在了。即使维格纳本人在门外，箱子里的波函数还是因为他朋友的观测而被触动从而坍缩了（坍缩的概念请见下节），这样也就只有活猫或死猫这两个纯态的可能（也就排除了"死活参半"的状态）。维格纳据此认为，人的意识可以作用于外部世界，所以意识可以使体系的波函数坍缩（坍缩到某个纯态上）就不足为奇了。中国科学院朱清时院士在做科普演讲时也介绍过这样的观点。但是，什么是意识？意识如何作用于外部世界？这些问题都还不太清楚。

图 5.5 维格纳

意识与量子力学的关系似乎到现在还纠缠不清。之所以碰到了"意识"这样可怕的概念（在物理科学中，这样的概念是非常可怕的，因为它不好进行定量的数学描述），关键可能在于我们无法准确地定义什么是观测者。一个人和一个探测器之间有什么区别，大家没有明确地搞清楚，这样自然而然就会被“意识”这样的概念乘虚而入。除了意识带来的困境，对量子论做出全新解释的还有所谓的“多世界解释”等。虽然这些都是严肃的以及逻辑上合理的对量子力学本质意义的重新思考，但是，对于量子力学的初学者来说，不建议去深入思考这些非正统的量子力学的解释(在前面的叙述中，我们多次指出，量子力学的正统解释是哥本哈根学派)。如果真的对“多世界解释”和“意识”这样高深和可能有趣的问题感兴趣，有专门的文献可供参考。

虽然薛定谔的猫是个理想实验，但是人类是富有好奇心的，故实验制备薛定谔“猫态”的努力一直都在进行着。随着技术的不断进步，人们已经在光子、原子、分子中实现了猫态(叠加态)，甚至开始尝试使用病毒来制备薛定谔的猫态。也就是说，正在越来越近地实现生命体的薛定谔猫态。但是，宏观的物体是不会有量子效应的(其德布罗意波长极短)。我们经常说到的“当我们没有看月亮时，月亮是不是就不在那儿?”我们可以说：月亮是一个宏观物体，基本上就没有波动性，所以不会有量子效应。你看不看月亮，它都在那里。就像一个对于人类来说尚未被发现的星系，它的存在是真实的，与你什么时候发现它没有关系。

最后，应该指出，薛定谔的这个理想实验把微观领域的量子行为扩展到宏观世界，可以使微观不确定原理变成宏观不确定原理。薛定谔的猫这个“悖论”是诸多量子困惑中有代表性的一个，与我们将要看到的“EPR 悖论”(一个极为重要的悖论)不同，这个猫的“悖论”还没有被解决到使大家都满意的程度。

*5.6 波函数的坍缩

写这一节，笔者是犹豫的，生怕“搞乱”了各位的思想。但是，由于“波函数坍缩”是量子力学哥本哈根正统解释的“必备”，所以这一节还是保留下来了。不过，这一节是完全可以跳过去的，只要你乐意。

有一个问题是，在量子力学中一旦找到一个粒子，那么它的波函数就“坍缩”了。所谓“坍缩”指的是观察结果的唯一化过程(由于测量而明确得到某力学量本征值中的一个)。坍缩就是缩小的意思,是指一个原本很多种可能的空间变成了一个只有更少可能的空间。也可以这样说,由于对系统的测量使得粒子由原来的态坍缩到某力学量的某个本征态上。现在的问题是:这个坍缩的速度是无穷大的吗?还是有一个时间过程?是什么引起了波函数的坍缩?这些问题既高深又有趣。狄拉克认为,波函数坍缩是自然做出的选择,而海森伯却认为这是观察者选择的结果。玻尔似乎更同意狄拉克的观点。而爱因斯坦关心的是,波函数坍缩过程与相对论之间是不相容的。在1927年这次极富历史意义的第五届索尔维会议上,爱因斯坦第一次对量子力学公开发表了意见。除了这些大物理学家,多数的物理学家认为,波函数坍缩的过程只是一个瞬时的选择过程,不需要进一步描述和说明(大家也不必过多的思考)。

20世纪60年代之后,大家逐渐相信,波函数坍缩的过程应该是动态的(是需要时间的),而且这个过程应当是可描述的。牛津大学的彭罗斯就一直相信,波函数坍缩是一种客观的物理过程,坍缩不是瞬时的,而是一个动态的过程。彭罗斯猜测,波函数的坍缩与引力有关。1986年,他基于广义相对论理论给出了一种有力的论证,说明引力介入了波函数的坍缩。彭罗斯相信,人们看待量子力学的方式可能不得不经历一次革命。同样是1986年,意大利的三位科学家也提出了一种动态的坍缩模型,称为GRW理论。还好,彭罗斯和GRW理论都提供了进行实验检验的可能性(量子光学的范畴)。之后,还有其他的甚至更满意的理论被提出,我们不再讨论。

意识也能导致波函数的坍缩!这在1929年就由达尔文提出了(此达尔文是进化论之父达尔文的孙子)。此后,这一猜想又为一些著名的人物所研究,包括冯·诺依曼、伦敦以及维格纳等。在诺依曼著名的《量子力学的数学基础》一书中,清晰地提出了波函数的两类演化过程:第一类过程是瞬时的、不连续的坍缩过程;第二类过程是波函数的连续演化过程,遵循薛定谔方程。同时,诺依曼也讨论了导致波函数坍缩的可能原因。最后他猜测,是意识最终完成了坍缩波函数的任务。因为诺依曼认为,量子理论是普遍有效的,它不仅适用于微观粒子,也适用于测量仪器。于是,微观粒子的波函数由测量仪器来坍缩,测量仪器的波函数同样需要“别人”来坍缩,而这只有意识才能最终坍缩波函数而产生确定的结果(因为观察者所意识到的测量结果总是确定的)。为什么会在物理中遇到"意识"这样可怕的东西,关键可能在于我们无法准确地定义一个"观测者",而罪魁祸首的是波函数需要坍缩。在艾弗雷特三世的"多世界理论"中,他就认为量子力学正统解释中的波函数坍缩是不必要的概念。在多世界理论中,波函数不发生坍缩。该理论否定了一个单独的经典世界的存在,而认为"实在"是一种包含有很多世界的实在,它的演化是严格决定论的。

如果波函数的坍缩速度是无穷大的(瞬时的),那就"残留"下一个无穷大的量。有句话说:"One infinity can explain everything"(一个无穷大可以解释一切)。笔者也认为,任何一个理论,只要里面还有无穷大的实在量,那么这样的理论就有可能还不完整。最后,波函数坍缩的概念尽管很有意思,却是一个非常深奥的问题。笔者无法清楚地向你说明波函数是如何坍缩的,也不敢建议大家对"波函数坍缩"的物理本质做深入的思考。

思考题

5.1 如果仪器的精度越来越高,就可以越来越准确地测量某些物理量吗?

5.2 如何通过约束的概念来理解测不准关系中的一对共轭量:位置和动量?

5.3 测不准关系虽然只是一个不等式,但是仍然可以用来做一些很有意义的估算。

5.4 如果没有了泡利不相容原理,那么这个世界会是怎样的?

5.5 如何理解量子隧道效应?

5.6 "薛定谔的猫"的实验中最关键的点是什么?

第6章

非定域性和量子纠缠

所谓物理规律的定域性，指的是不能超越时空来瞬时地作用和传播。也就是说，不能有超距作用的因果关系。在某段时间里，所有的因果关系都必须维持在一个特定的区域内。任何信息都不能以超过光速这个上限来传送(相对论的要求)。但是，在本章我们将会看到，量子力学是非定域的理论，这一点已经被"违背贝尔不等式"的许多实验结果所证实。量子纠缠指的就是两个或多个量子系统之间的非定域、非经典的关联。量子隐形传态不仅在物理学领域具有重要意义，在量子通信领域也有关键作用。

6.1 EPR 悖论

EPR 悖论(Einstein-Podolsky-Rosen paradox)是爱因斯坦和他在普林斯顿高等研究院的同事波多尔斯基和罗森一起为论证量子力学的不完备性而提出的，现在通常称为 EPR 悖论(或 EPR 佯谬)。由于这个悖论有着非常重要的物理上的意义，我们在此做相对详细的讨论。如果遇到数学上的困难，跳过就可以了。1935 年，爱因斯坦(Einstein)、波尔多斯基(Podolsky)和罗森(Rosen)(在现在的文献中均被简称为 EPR)发表了一篇题目为"能认为量子力学对物理实在的描述是完备的吗?"的论文。这是一篇具有特殊意义的重要论文，在量子力学的发展史上有重要地位。对这篇文章以及由此导出的许多发展的理解将很大地影响我们对量子力学的一个非常重要的方面，即非定域性，的理解。这一悖论涉及如何理解"微观物理实在"的问题，在物理学界和哲学界都引起了一些争论。但是，笔者认为，这方面的争论已经不那么重要了。反而，EPR 悖论中的“幽灵”越来越可爱了，她开始深刻地影响我们生活的宏观世界，让我们越来越深刻地感到量子理论的巨大潜力和实用性。我们将会看到，有一些将会深刻影响人类社会的领域，例如量子通信、量子计算和量子密码等，就源之于 EPR 悖论中所引申出来的“量子纠缠”（图 6.1）这个概念。量子纠缠及其应用将有不可限量的前途和“钱途”。

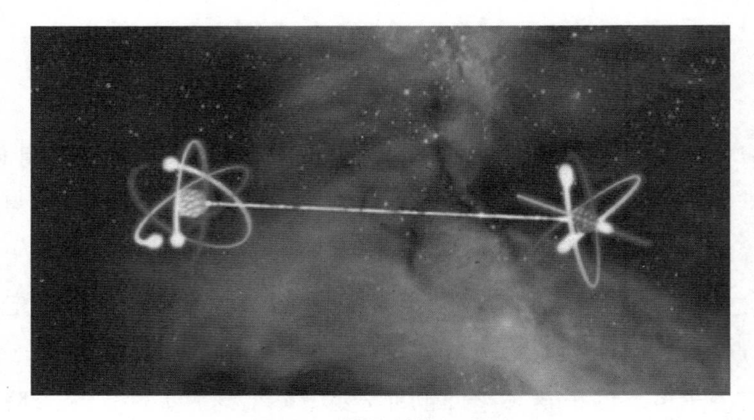

图 6.1　量子纠缠示意图

对 EPR 悖论的理解需要比较深奥的物理知识，所以，如果理解本节有困难，请直接跳到下一节去阅读玻姆对“量子纠缠”的论述，那是相对容易理解的。如果想更加深入地了解 EPR 悖论，请参考作者的另一本著作《1 小时科普 量子力学》，在那里有比较详细的论述。这里，只给出最主要的物理思想。

经过物理和数学上的详细分析，在“定域实在论”假设的基础上，爱因斯坦他们论证了两个粒子的位置和动量是可以同时具有确定值的。而这是与量子力学的原则相矛盾的，即违背了海森伯的测不准关系。EPR 所给出的这个“矛盾”的局面就称为“EPR 悖论”。之所以被称为“悖论”，是因为这个所谓的“矛盾”在实际中其实并非矛盾。

总之，如果 EPR 的推测是正确的，按照爱因斯坦的意思，他们的分析迫使我们不得不放弃以下两个论断中的一个：①波函数 Ψ 所做的对物理体系的描述是完备的；②空间上分割开的客体的实在状态是彼此独立的。爱因斯坦他们坚信第二个论断是正确的，即分割开的两个子系统具有独立的物理实在性（称为“定域实在论”），所以他们认为不得不放弃第一个论断。也就是说，得到了量子力学的描述是不完备的结论，并且他们认为，完备的量子力学理论还有待于将来被发现。

从目前的很多实验来看，事情恰恰与爱因斯坦他们的论断相反。即波函数 Ψ 所做的对物理体系的描述是完备的，而且即便在空间上相隔非常遥远的客体也是可以彼此关联的，这就是所谓的量子力学的“非定域性”。EPR 等的推论是基于一个看似非常合理的假设：定域性假设（就是说，一个地方发生的现象不可能即时影响另一个地方的现象）。但是，目前的实验却证明了，一个地方发生的现象可以即时“影响”（关联）遥远的另一个粒子（非定域性）。也就是说，哪怕粒子 1 与粒子 2 相距非常远，对粒子 1 的测量也可能即刻影响到粒子 2 身上，这就是所谓的“量子纠缠”的概念，是量子力学非定域性的体现。

EPR 的论文很快就得到了巨大的反响。在反对声中，玻尔的反驳最有影响力。玻尔明确指出了在爱因斯坦的论证中，认为“对粒子 1 的测量不会干扰到粒子 2”的看法是站不住脚的。目前，从很多实验的证据来看，爱因斯坦确实是不对的，而玻尔的反驳是正确的。玻尔认为，粒子 1 和粒子 2 虽然在空间上分隔了开来（而且可能相隔很远），那么它们既然共同处于一个系统中，就必须当作一个整体来考虑，不可以看作互相独立的两个部分。这就是两个粒子之间的“纠缠”（两个粒子能不能纠缠起来是由体系波函数的形式决定的，EPR 写出的波函数形式确实是两个粒子的纠缠态，见下面的讨论）。在玻尔看来，在两个粒子被观测之前，存在的只是由波函数描述的相互关联的整体粒子。既然是协调的、相互关联的整体，那就用不着什么信息的传递，更不会有超光速的信息传递。所以，玻尔看到的是微观世界的“实在”，而爱因斯坦论述的却是经典世界的“实在”。应该说，在爱因斯坦与玻尔争论的时代，量子力学非定域性的实验证明还没有出现，所以他们之间的争论很大程度上可以说是纯观念上的争论，尽管这个争论后来普遍认为玻尔是正确的。但是，玻尔的回答并没有使爱因斯坦信服，爱因斯坦坚信两个在空间上远离的物体的真实状态是彼此独立的（此后一直被称为“定域性要求”)。爱因斯坦明确反对两个粒子间的量子力学关联，他称之为“鬼魅般的超距作用”。我们可能对爱因斯坦的诸多成就充满崇拜，但是这次我们只好相信爱因斯坦他们真的错了。因为现在确实有不少实验已经开始明确地证明了量子力学的非定域性，或者说许多实验都证明了玻尔对 EPR 的反驳是正确的。

最后，来看一下 EPR 所写出的波函数，这对专业学习量子力学的读者来说是有益的。EPR 波函数如下：

$$\Psi(x_1,x_2)=\int_{-\infty}^{+\infty}\mathrm{e}^{\frac{2\pi\mathrm{i}}{h}(x_1-x_2+x_0)p}\,\mathrm{d}p$$

这个波函数看起来很“复杂”，其实是非常简单明了的。为了照顾没有什么量子力学基础的读者，我们来稍稍解释一个这个波函数：①为什么有个积分号存在？这是因为根据 4.5 节中量子力学公设(2)的要求：测量一个力学量的结果，一定是这个力学量所对应的算符的本征值中的一个。所以，体系的波函数必须是体系所有本征函数的线性组合(或积分)。EPR 波函数的这个积分写法意味着，当测量粒子 1 和粒子 2 的动量时，粒子的动量本征值是连续的，可以从 $-\infty$ 到 $+\infty$ 内任意取值。为了把动量的所有本征函数都放到波函数中“求和”，就只好写成积分的形式了。②被积函数为何写成指数形式？这是因为动量的本征函数就是这样的，例如，一个自由粒子的动量本征函数是 $u_p(x)=\mathrm{e}^{\frac{2\pi\mathrm{i}}{h}px}$，其原因是动量算符有这样的形式：$\hat{p}=-\mathrm{i}\hbar\nabla$。将该本征函数代入动量的本征方程，很容易得到验证。③指数函数中的 x_0 描述了两个粒子间的相对距离，在这里 x_0 表示两个粒子之间的相对距离 (x_2-x_1) 一直保持常数 (x_0)。

6.2 量子纠缠

量子力学中的所谓非定域性，是指对一个子系统的测量结果无法独立于其他子系统的测量参数。量子纠缠就是非定域性的生动体现。形象地说，就是粒子之间被纠缠在一起了(哪怕它们相隔非常遥远)，对其中一个粒子的干扰，相隔遥远的与之纠缠的粒子也将即刻作出反应。这就是非常奇妙的量子力学的非定域现象，是爱因斯坦反对的“超距作用”。笔者同意这样的观点：将这里的“超距作用”这个名词改为遥远粒子间的“关联”这样的名词似乎更合适一些。所以本书中，我们将尽量使用“关联” 这个词。到现在为止，我们还不能深刻地理解这种量子纠缠的本质，或者说，人们还不懂为什么量子力学会有这么特别的非定域性。但是，这并不影响我们有效地利用这种奇特的效应来为我们服务，比如，用于量子通信和量子计算等。

鉴于量子纠缠概念的重要性，我们再来更多一点地讨论这个概念。让我们引用中国科技大学朱清时院士在做科普讲座时给出的一个例子，用来说明什么是“纠缠”(并非量子纠缠)的概念：假设我们在北京买了一双手套，然后随意地把其中的一只寄到香港，另一只寄到华盛顿。那么寄到华盛顿的那只手套是左手的还是右手的呢？谁都不知道。但是如果在香港的人收到手套后打开一看，是左手的那只，那么在华盛顿的那个人不用打开包裹也知道他收到的一定是右手的那只。因为手套是左右配套的，这是个规则(当然，在香港的人必须打个电话或发个微信给在华盛顿的人，告知对方他自己收到的手套的情况)。虽然寄的时候是随意的(眼睛没有观察)，但是只要其中的一个人观察了他收到的手套，另一个人不用观察就可以知道他的手套的情况了，这就是某种“纠缠”关系(但还不是量子纠缠!!)。这个纠缠手套的例子与微观的量子纠缠还是很不同的！在量子纠缠下，当你观测某一个粒子之前(打开包裹之前)，这个粒子的状态真的是不确定的！在你随机观测粒子 1 的状态时，会使这个粒子 1(原本处于叠加态)跃迁到它某个确定的态上(本征态之一)。那么，另一个与之纠缠的粒子 2 的状态也会同时地(瞬时地)做出某种相应的变化！这才是“量子纠缠”。在上述手套的所谓“纠缠”例子中，某一只手套的状态并不会突然地影响到另一只手套，它们的状态从一开始就确定了(这是经典的情况)！所以，拿手套做例子并不是很合适，只是拿来帮助我们理解。

在 EPR 讨论的纠缠例子中，EPR 写出的波函数形式意味着两个粒子要有相反的动量，同时又始终保持着一定的相对距离，这是一种不好想象的、带有“臆想”性质的追随运动，尽管这个波函数从数学上讲是可能的。难怪有许多人认为爱因斯坦等与玻尔等的争论只是一种观念上的、不会有什么明确结果的“空谈”。到了 1952 年，事情有了转机，玻姆在 EPR 问题上取得了突破。他修改了爱因斯坦的“实验装置”，终于使“EPR 佯谬”中的问题变得简洁、清晰和容易理解了。玻姆把 EPR 理想实验里的两个粒子的坐标和动量换成了自旋(假设两个粒子有相反的自旋分量)，使得争论的各方都对粒子 1 和粒子 2 的自旋分量之间的关联性质没有了异议。实际上，在玻姆的实验中，两个粒子也可以是处于相距甚远的位置，因而也可以认为两个粒子在时间和空间上都是分离的。按照爱因斯坦的假设，对一个粒子自旋的测量应该不会直接影响另外一个粒子的自旋，这一点与爱因斯坦在原来 EPR 实验中的假设是一样的。“遗憾”的是(或者说，神奇的是)，爱因斯坦的假设是不对的，请参考下面玻姆的论述。

借由玻姆的自旋表述，量子纠缠的概念就变得非常清晰和易于理解了：假设有一个系统是由两个自旋都是$\hbar/2$ 的粒子构成，而且假设系统处在总自旋为零的状态(单态，两个粒子自旋相反的状态)。现在来讨论总自旋为零的 A 和 B 两个粒子处在纠缠态下的情况。根据量子力学的正统解释，粒子的自旋在被测量之前是没有确定值的(处在自旋不确定的叠加态上面)。由于粒子 A 和粒子 B 是纠缠的，在测量粒子 A 时必定会对粒子 B 产生瞬时的关联。如果粒子 A 的自旋被发现处于“向上”的状态，那么粒子 B 的自旋一定会被发现处于“向下”的状态(自旋的测量可以在任何方向上进行。只要是量子系统，随机性就必须体现出来，否则将没有量子效应)，这就是量子纠缠。爱因斯坦当时认为，粒子 A 和粒子 B 之间不应该有瞬时的相互作用，A 和 B 从“分离”的那一刻开始，它们的自旋值就应该是确定的。爱因斯坦的这种可分离性，也就是定域性原理。爱因斯坦认为，A 与 B 之间的瞬时关联要求有超距作用存在或者有超光速的通信，但这是不允许的。按照玻尔的观点，粒子 A 和粒子 B 共同处于一个系统中，必须当作一个整体来考虑。在两个粒子被观测之前，存在的只是由波函数描述的相互关联的整体粒子。既然是相互关联的整体，就用不着什么信息的传递，更不会有超光速的信息传递或相互作用。所以，实际上并没有违背相对论的事情发生。

物理名词在字面上总是尽力地描述它所要对应的物理内容。所谓的“纠缠态”，显然意味着有某种东西要纠缠起来。假如两个人完全不认识(又没有相互作用),那他们就“纠缠”不起来,所以说两个人要能够“纠缠”起来,就一定要有某些深刻的东西或“经历”是共有的。举一个可能不是很恰当的例子:对于一对同卵双胞胎而言,他们通常长得很像,而且可能还有其他性格上相像的地方。可以想象,这样两个人的密切关联是从娘胎里就开始“纠缠”的。虽然这个例子不是很好,但是希望有助于说明,某种东西要纠缠起来,在源头上就必须要紧紧地联系起来(有共同起源的粒子之间通常就会有所谓的量子纠缠存在)。人类至今仍不明白纠缠背后的神秘机制。例如,纠缠的主体是什么?是什么东西在纠缠?纠缠是如何形成的?如何理解纠缠中的“超距作用”?它与相对论是否矛盾?如何将它们结合起来?问题还很多,所以我们不敢在这里更多地妄加猜测。图 6.2 给出了一个纠缠的例子,即原子的级联辐射可以产生纠缠光子对。如图 6.2 所示,用紫外线激发一个钙原子中的电子,电子便会跃迁到高能态上。由于物理上的要求,高能态的电子必须回到低能态(基态)上,这时如果电子作级联的两次跃迁,那么所产生的两个光子便是纠缠光子对。

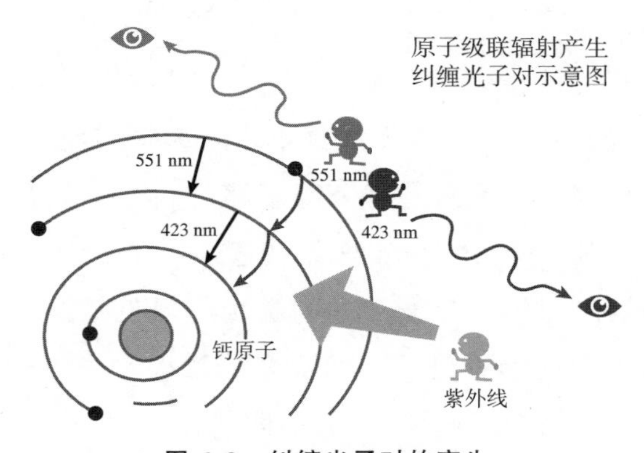

图 6.2 纠缠光子对的产生

实验已经证明了量子力学的非定域性(证明了量子纠缠的存在),但是这个非定域性背后深刻的物理内容至今也没有完全搞明白。这也许正如费曼所说:“我相信世界上没有一个人真正懂得量子力学……”在同一个物理过程中生成的两个相关联的粒子,其中一个粒子发生了任何状况,另一个粒子将会同时发生相应的改变。这种现象看起来似乎违背了“不允许有超距相互作用存在”的原则。有人认为,这种关联并不意味着相互作用,我们也愿意采用这样的说法。量子纠缠是量子力学提供的一种特有的资源，一种非常神奇的力量。随着量子科学的不断发展，量子纠缠已经成为许多量子科技中不可缺少的概念基础。不论是在量子通信、量子隐形传态还是量子计算机等领域，量子纠缠都担当着重任。总之，量子纠缠确实是一种独特而神奇的物理资源，应该好好地利用它为我们服务。

数学上，如果体系的波函数不可以写成两个子系统(在这里假设是两个粒子)量子态的直积形式，即

$$\psi(x_1, x_2) \neq \phi(x_1)\phi(x_2)$$

那么无论两个粒子相距多远，对一个粒子的测量不能独立于另一个粒子的参数，这就是纠缠态。至此，我们还只是直接叙述了什么是“量子纠缠”。关于量子纠缠是否存在的理论和实验证明还有待下一节的深入讨论，即著名的贝尔不等式和阿斯派克特的实验等。

6.3 玻姆的隐变量理论，贝尔不等式

量子力学的正统解释应该归于哥本哈根学派，其最主要的内容包括波函数的概率解释、测不准关系和玻尔的互补原理等。量子力学的正统解释意味着由波函数所描述的系统一般不具有确定的性质，只有对这种性质进行测量之后才能得到一个确定值。这似乎意味着在我们测量之前并不存在真实的、确定的世界。但是，量子力学的正统解释就是这么“独断专行”，这使得很多对经典理论的“确定性”充满留恋的物理学家不能容忍这种状况，他们一直希望量子理论能够回归于“确定性”的道路。爱因斯坦是量子理论的创始人之一，他其实并不总是留恋那些经典物理学的概念，但是他应该是最著名的希望量子力学有确定性解释的人了。

1952 年，玻姆(图 6.3)出场了，他真的给出了一个隐变量理论。这一理论再一次使人们看到了量子世界回归具有确定性的经典世界的希望。所谓隐变量(hidden variables)，就是“隐藏的” 变量，也就是还没有被发现的变量。在正统的量子力学中，任意时刻粒子的位置和动量是不能同时具有确定值的(参见 5.1 节)。但是，如果能够给波函数增加额外的隐变量(一个或

更多),那么就可以使系统的性质具有确定性。或者说,就有可能使粒子的位置和动量同时有确定值。于是,玻姆的隐变量理论重新唤起了人们对真实的实在世界的向往。

图 6.3 玻姆

戴维·玻姆,1917 年 12 月 20 日出生于美国宾夕法尼亚州的巴尔镇,其家庭是来自奥匈帝国的犹太家族。从少年起玻姆就对科学有强烈的兴趣。他先后就读于宾夕法尼亚大学和著名的加利福尼亚大学伯克利分校,攻读物理学博士学位。他一度师从罗伯特·奥本海默,直到奥本海默离开伯克利去领导“曼哈顿计划”。他与后来非常著名的物理学家温伯格同宿舍,所以两位物理上杰出的人物能够经常讨论量子力学的基本问题。可以想象,这种讨论能够在两个聪明人之间激发出很多深刻的物理思想。1946 年,玻姆到普林斯顿大学当助教。为了理解量子力学的精确本质,他决定写一本关于量子力学的书籍,这就是那本著名的《量子理论》一书的来源(这本书最终花了 5 年时间才完成)。这里面有一个好玩的逻辑:玻姆为了理解量子力学而决定写一本关于量子力学的书。这种做法可能值得我们借鉴吧。玻姆这本著名的《量子理论》后来成为最好的量子力学教科书之一。爱因斯坦甚至热情地给玻姆打电话,并希望和玻姆讨论一下他的书。所以,玻姆进入了位于普林斯顿高等研究院的爱因斯坦办公室。爱因斯坦表示他不仅喜欢玻姆的书，而且和玻姆一样，也对量子理论(主要就是概率解释)不满意。爱因斯坦的鼓励给了玻姆很大信心，他希望继续寻找通往量子实在的道路。

现在来大致叙述一下玻姆的隐变量理论以及存在的问题。玻姆认为，在量子世界中，粒子仍然是沿着一条精确的、连续的轨迹运动的，只是这条轨迹不仅由通常的力决定，而且还受到一种更加微妙的量子势的影响。在这个隐变量理论中，粒子与波函数同时存在，量子势就由波函数产生。而且正是由于量子势的存在才导致了微观粒子不同于宏观物体的奇异的运动。波函数本身被看作一种数学位形空间中的物理场，它满足薛定谔方程，但是从不坍缩。粒子则由波函数引导作连续的运动，可以同时具备确定的位置和速度(在此意义上，玻姆的隐变量理论似乎比"原来的"的量子力学更加"完备")。我们已经知道，传统的量子力学可以完全正确地预测微观系统的测量结果，玻姆理论显然也必须做到这一点。玻姆认为，量子系统的性质不只属于系统本身，它的演化既取决于量子系统，也取决于测量仪器。所以，关于隐变量的测量结果(一种统计分布)将随实验装置的不同而不同，这就使得玻姆的理论也可以实现对微观系统性质的正确预测。玻姆理论确实是一个很好的实在范例，让人们看到了量子背后的"微观实在"是可能存在的，也更加坚定了坚持实在性观念的人们的信心。

但是，玻姆理论所提供的两种物理实在(运动轨迹和 Ψ 场)都是不可测知的，所引入的隐变量(粒子的位置和速度)原则上也是不可测知的。对位置和速度的测量总是产生与量子力学一致的结果，而且总满足测不准关系。玻姆理论也没有给波函数及其演化规律——薛定谔方程——提供进一步的物理解释。也就是说，玻姆并没有给隐藏在波函数背后的"微观实在"给出清晰的物理图像。所以说，玻姆的理论还只是一种理论"虚幻"。更多的关于隐变量理论的讨论超出了本书的范围。

玻姆提出隐变量理论的初始并没有得到人们的热情欢迎，甚至量子力学的正统解释派还对玻姆的"异端邪说"进行了严厉的反击，因为它违背了所谓的"正统解释"。然而，重要的是，这个理论深深吸引了同样对量子力学的本质着迷的物理学家约翰·贝尔(图 6.4)。贝尔也在认真探寻隐变量是否真的存在，正是这个探寻最终给出了被称为“科学的最深远的发现”——贝尔不等式的发现。

图 6.4　贝尔

关键人物终于出场了，他就是刚刚提到的贝尔。贝尔 1928 年 7 月 28 日出生于北爱尔兰一个贫寒的家庭。为了能够让贝尔接受良好的高等教育，他的父母辛苦劳作、省吃俭用。早在小学阶段，贝尔就立志学习自然科学，对读书更是痴迷，同学们甚至戏称他为“教授”。贝尔是欧洲高能物理研究中心(CERN)的一名物理学家，他的主要工作是设计加速器和对粒子物理学的研究，关心量子力学的本质问题只是他的业余爱好。而正是这个业余爱好，最终导致了贝尔不等式的发现，也使他的名字永留物理学甚至是科学的史册。

我们来看看贝尔最初所面临的困境。爱因斯坦和玻尔对量子力学及其含义进行过激烈的争论，但没有结论。一方面，爱因斯坦等在 1935 年的 EPR 论证中提出量子力学是不完备的，从而似乎应当存在隐变量以便完备地描述量子体系的状态；但是，另一方面，玻尔一派拒绝隐变量的存在。特别是，数学大师冯・诺依曼早在 1932 年就从数学的角度出发，证明了“隐变量不可能存在”。凭着诺依曼的权威，这大概会扼杀很多人去寻找隐变量的想法。但是面对这种境况，“业余”的贝尔没有顾及诺依曼的权威，他仔细研究了诺依曼的证明过程。结果，贝尔居然真的发现了这位数学大师在证明过程中的一个漏洞，他甚至还给出了诺依曼对“隐变量不可能存在”的证明的一个反例。

冯·诺依曼(图 6.5)，1903 年 12 月出生于匈牙利布达佩斯的一个富裕家庭，父亲是一个成功的银行家。诺依曼从小聪明过人，但却言语不多。他非常喜欢读书和玩数字游戏。在诺依曼刚上小学的时候，就能顺口回答三位数乘三位数的算术题。据说他父亲给他出了一道八位数的除法题，他也能正确地回答。他父亲非常震惊，于是决定对他进行特殊的教育，为他请了一位家庭教师。此后，11 岁的诺依曼被送入大学预科中学，12 岁时便开始旁听布达佩斯大学的高等数学。

图 6.5 冯·诺依曼

诺依曼是现代电子计算机理论的创始人之一，他对计算机科学、经济学(如博弈论)等领域的数学理论有着非常重要的贡献，被誉为“计算机数学之父”。诺依曼在量子力学的数学理论上也有很重要的研究成果，主要是引入希尔伯特空间，从而给出了量子力学的另一个数学体系。在那个年代，能够用希尔伯特空间探讨量子力学问题的人少之又少。我们在这里提到的，是诺依曼的一个“著名的”错误。诺依曼在一个原子系统中，对一个平均值使用了交换法则。在那里，他只是下意识地认为，这个法则也可以用到量子系统的每一个分量的运算中，这样就出现了错误(量子力学中，乘法交换律并不总是成立的)。诺依曼的错误很快就由赫尔曼(Herman Goldstine,曾译为赫曼)指出了,但是由于诺依曼的名声实在是太响了,所以赫尔曼的意见并没有引起人们的注意。一直过了二十多年,这个错误才由贝尔惊奇地重新发现。

贝尔最初更倾向于爱因斯坦的观点。他认为,引入决定论隐变量可能是非常自然的办法。现在,贝尔前进的道路上的障碍仿佛都已经被清除了,接下来他应该做的就是去寻找隐变量了。由于本职工作的缘故,贝尔无法花太多的时间在量子问题上面。直到 1963 年,贝尔到位于斯坦福的直线加速器中心(SLAC)作为期一年的访问休假,这才使他有时间重新回到对隐变量的探索上。贝尔认为,非定域性与相对论明显相抵触,是应该避免的。于是,贝尔试图找到一个类似于玻姆理论的隐变量模型,这其中必须没有非定域性。然而,贝尔没有找到隐变量理论,却意外地发现了一个意味深远的不等式,这就是以贝尔命名的贝尔不等式(Bell's inequality)。贝尔论证贝尔不等式的这篇论文——"论 EPR 佯谬",只有 5 页,论述过程十分简单和清晰,这篇文章后来被认为是 20 世纪物理学领域最著名的论文之一。有趣的是,发表贝尔光辉论文的杂志《物理》只发行了一年就倒闭了。如今要找到贝尔的这篇论文,最好还是去翻阅贝尔的著作《量子力学中可言语和不可言语的》。

贝尔不等式的原始形式为

$$|P_{xz}-P_{zy}| \leqslant 1+P_{xy}$$

这里 P_{xy} 的意义是粒子 A 在 x 方向上和粒子 B 在 y 方向上测量到自旋相同的概率(其他类推)。如果贝尔不等式成立,就意味着所谓的隐变量理论也成立,则现有形式的量子力学就是不完备的;如果实验与贝尔不等式不相符,则表明量子力学的预言是正确的。贝尔发现,任何与量子力学具有相同预测的理论将不可避免地具有非定域性特征。或者说,量子力学禁止定域隐变量的存在,这个结论称为贝尔定理。贝尔定理和贝尔不等式被誉为"科学的最深远的发现"之一,它们为隐变量理论提供了实验验证的方法,也使人们第一次有可能通过实验来直接验证"量子非定域性"的存在。实验验证方面,法国年轻的科学家阿斯派克特的实验最具代表性。所以,下面简单介绍一下阿斯派克特的实验。

阿斯派克特于 1947 年出生在一个浪漫的国度——法国,这也使得他的血液里充满了时尚的元素,注定了他会去做一个“浪漫”而深刻的科学实验,从而为实验验证量子力学的基础理论做出重要贡献。阿斯派克特的外表也和一般老套的科学家有很大的不同(图 6.6),同样地,那也是很“浪漫”的。阿斯派克特热爱物理学和天文学,除了喜欢读书,还喜欢夜空观星,并立志成为一名科学家。在攻读博士学位之前,24 岁的他自愿到非洲的喀麦隆做了三年的社会工作。在勤勤恳恳地帮助别人改善生活之余,他认真研读了一本当时最全、最深刻的量子理论教材,从而开始关注量子力学中种种深奥的难题,特别是爱因斯坦等在 1935 年提出的 EPR 悖论。阿斯派克特也可能是很偶然地读到了贝尔的那篇重要论文,这对他的影响非常大,也决定了此后他从事的工作。从非洲回国后,阿斯派克特来到巴黎大学攻读博士学位,开始全身心地投入到验证量子力学理论的工作中,即使用贝尔不等式和 EPR 悖论来验证量子力学的非定域性。从事这样的课题,阿斯派克特确实是非常有勇气的。对科学创新来说,勇气和创造力、想象力一样都太重要了。为了弄明白爱因斯坦对量子力学的挑战,他找到了爱因斯坦在二十世纪二三十年代的所有论文,反复研究了玻尔和爱因斯坦的几次争论。他发现,玻尔和爱因斯坦在量子纠缠态上的争论似乎都是在各自的圈子内打转,因而谁也说服不了谁,这更加激起了阿斯派克特想弄清量子纠缠的问题。

图 6.6　阿斯派克特

阿斯派克特很清楚,检验贝尔不等式的第一个实验是 1972 年由克劳瑟等在加州大学伯克利分校完成的,但实验存在一些漏洞而被人诟病,使其结果不那么具有说服力。因此,阿斯派克特这次设计了三个系列性实验。第一个实验的基本构思和前面克劳瑟等的一样。不过,阿斯派克特深知纠缠光源对他实验的重要性,所以采用了激光器作为激励光源(克劳瑟十年前的实验中没有使用激光，这说起来可能是他的最大遗憾）。阿斯派克特用激光来激发钙原子，引起级联辐射，产生一对往相反方向"圆偏振"的纠缠光子。圆偏振光有两个不同的旋转方向，这就可以类比于电子的自旋。阿斯派克特的这个实验结果，得到了量子力学对贝尔不等式的偏离（贝尔证明了，违背贝尔不等式将意味着量子力学是正确的，或者说量子力学有非定域性），达到了9倍的误差范围，相对于克劳瑟的5倍误差范围，有了很大的改进。

阿斯派克特的第二个实验，是利用双通道的方法来提高光子的利用率，减少前人实验中所谓的"探测漏洞"。这个实验也大获成功，最后以40倍误差范围的偏离，违背了贝尔不等式，再一次强有力地证明了量子力学的正确性！

阿斯派克特的最大贡献是在第三个实验中，他采取了延迟决定偏光镜方向的方法。因为要验证量子纠缠的存在（一个光子的偏振会即刻影响到它的孪生光子的偏振方向），就不能允许两个光子之间有任何的沟通。采取延迟决定偏光镜方向的方法，就是为了保证这一点。或者说，他在克劳瑟等实验的基础上，再多加了一道闸门，完全排除了纠缠光子间交换信号的可能性。阿斯派克特发明了一种基于声光效应的设备，使得检偏镜在每10纳秒的时间（实验中，两个检偏镜的距离按光速计算也需要走40纳秒）内旋转一次，最后使实验得以成功完成。

阿斯派克特的三个实验大获成功，曾被作为量子力学非定域性的最后判决。但是，阿斯派克特的实验还是有漏洞的。实验上的漏洞主要有两类，即局域性漏洞和探测漏洞。局域性漏洞指的是关于纠缠粒子的异地测量之间存在关联性，例如，测量时间的间隔小于以光速传播的信号在两地之间的传播时间；探测漏洞指的是探测器的粒子检测效率不高（总有一定比例的粒子检测不到）。更多的内容请参考郭光灿院士的一书《爱因斯坦的幽灵——量子纠缠》。这里面有一个有趣的故事：美国物理学家墨明曾经在 *Physics Today* 上发表文章讨论阿斯派克特的实验，并请读者一起来找实验的漏洞。有一位普通的读者来信指出，符合计数器不就明显地在两端之间建立起关联了吗（图6.7）？是啊，为什么这么多的量子力学专家都没有注意到这个最明显的漏洞呢(而要靠一个普通的读者来指出)? 这不就意味着阿斯派克特的实验还有局域性漏洞吗? 后来,到了 1998 年,塞林格及其同事在奥地利因斯布鲁克大学完成了实验,更为彻底地排除了定域性漏洞。2003 年,阿波罗第一次不用双光子,而采用高能粒子进行实验,所得到的结果为 $S=2.725$(非定域性要求 $S>2$,或者 $S=2\sqrt{2}=2.8284>2$),从而完全证实了量子力学的非定域性。2005 年,一个荷兰研究组利用两块相距 1.5 千米的金刚石色心中的电子自旋,完成了所谓无漏洞的贝尔不等式的验证。

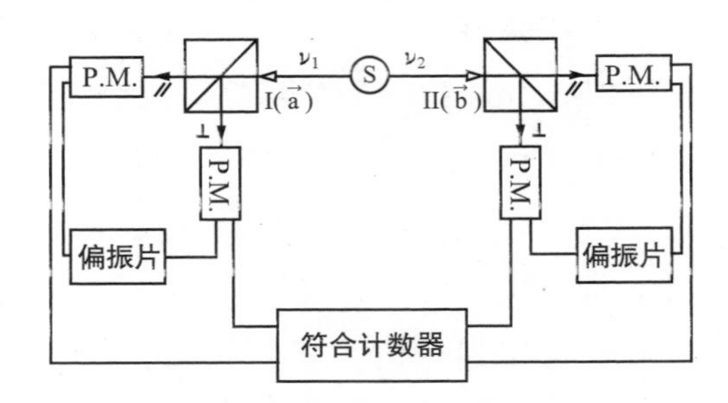

图 6.7 阿斯派克特实验图示

最后,即便量子力学的非定域性得到完全确认,也并不等于相对论被推翻。相反,相对论和量子理论至今仍然是我们所能依赖的最可靠的理论基石。至于量子纠缠的背后是不是真的隐藏着超光速,人们还不能确定。只是表面上看起来似乎有这样一种类似的效应,但是由于我们并不能利用这个效应来实际地传送信息,因此,这和爱因斯坦的狭义相对论也没有矛盾。

克劳瑟、阿斯派克特以及塞林格三位实验物理学家,曾被提名 2011 年的诺贝尔物理学奖。虽然最后此奖项的殊荣落到了三位从事宇宙膨胀理论研究的物理学家头上,不过,克劳瑟等三位已被授予了 2010 年的沃尔夫物理奖。2022 年,这三位科学家终于因为“确定贝尔不等式在量子世界中不成立,并开创了量子信息这一学科”而获得诺贝尔物理学奖。贝尔不等式被誉为所有科学当中最伟大的发现之一,但是却因为没有获得诺贝尔奖而没有那么广为人知。这当然不是因为贝尔的发现不够被授予诺贝尔奖,只是贝尔在 1990 年(那一年诺贝尔奖委员会已提名贝尔)不幸因突发脑溢血而英年早逝了,享年 62 岁。

6.4 量子密码

我们已经越来越离不开手机了，通信已成为现代人类生活中不可分离的一部分，但是并非所有的信息交流都是可以公开的。有些时候，信息交流的双方希望所交流的内容能够保密，这就使"保密术"得以产生和发展。相应地，防止信息被窃听的"密码"也就自然而然地出现了。有文献记载，最早使用密码的是斯巴达人，他们发明了很多精巧又简单的信息编码和解码工具。中国也是世界上最早使用密码的国家之一，最难破解的"密电码"就是中国人发明的。现在，人们对密码已不再陌生，可以举出许多日常生活中使用密码的例子，例如，保密通信设备中使用"密码"，个人在银行取款时使用"密码"，在计算机、手机登录和屏幕保护时使用"密码"，开启保险箱使用"密码"，以及各种游戏中也经常使用"密码"等。不过，像个人在银行取款时使用的"密码"以及在计算机登录中输入的"密码"等，将"密码"二字改为"口令"会更加准确一些。

这里，我们介绍一个简单的例子，来看看经典的密码术是如何工作的：假设 A 方在战争的后方(如司令部)，而 B 方在战争的前线。现在，A 方需要发送"retreat"(撤退)给 B 方。为了不让敌方读懂电报的内容，A 方对"retreat"使用下面的密码本(图 6.8)进行了编码(实际上，这里的密码就是简单地让 26 个字母排序反过来，然后再与原排列的字母进行一一地对应)。

a	b	c	d	e	f	g	h	i	j	k	l	m	n	o	p	q	r	s	t	u	v	w	x	y	z
↕	↕	↕	↕	↕	↕	↕	↕	↕	↕	↕	↕	↕	↕	↕	↕	↕	↕	↕	↕	↕	↕	↕	↕	↕	↕
z	y	x	w	v	u	t	s	r	q	p	o	n	m	l	k	j	i	h	g	f	e	d	c	b	a

图 6.8 密码本示意图

很显然，"retreat"经编码后就变成了"ivgivzg"。当 B 方收到"ivgivzg"后，也使用与 A 方一样的密码本进行解码，很容易就得出正确的信息：retreat，于是就知道该撤退了。这是一个非常简单的例子，这种密码被称为代换密码，即固定不变地使用一个符号代替另一个符号。当然，这种密码的保密性很低，很容易被破解。但是这个简单的例子告诉我们一些重要的基本概念，例如，需要共享安全的密钥（或密码本，为了安全起见，A、B双方使用的相同密码本还需要派专门的信使传递），要进行信息的加密和解密（或称解码）等。

经典的密码系统可以分为对称密码系统和非对称密码系统。对称密码系统又称为私钥密码系统，其工作原理是通信双方共享一个只有他们自己知道的私钥，发送的一方将需要发送的内容用这个密钥进行加密，接收方也使用这个密钥将收到的内容解密。对称密码系统有很多问题，其中最主要的是如何对密钥进行分发才能避免被恶意的第三方监听。所以，合理分配密钥的方法是依靠收发双方直接会面或者派专门的信使传递。这样就很不方便，而且还可能引发新的安全漏洞；非对称密码系统又称为公钥密码系统，其工作原理是接收方先选择一组只有他自己知道的专用密钥，再根据专用的密钥计算出相应的公开密钥，并将公开密钥公布给准备向他传递信息的所有对象（公开密钥不怕被窃听）。发送方使用该公开密钥将信息加密后传送给接收方。只拥有公开密钥很难从密文中反推出原始信息，只有同时拥有公开密钥和上述专用密钥，才能将密文还原成原文。这种密码系统的安全性依赖于某种计算的复杂性。目前，最有影响力和最常用的传统密码术是RSA（Rivest-Shamir-Adleman），这是一种公钥加密算法。它是1977年由李维斯特、萨莫尔和阿德曼（图6.9）一起提出的，1987年7月首次在美国

图6.9　RSA三人：李维斯特（左）、萨莫尔（中）和阿德曼（右）

公布。RSA分别是他们三人姓氏的开头字母。RSA算法基于一个十分简单的数论事实：将两个大的质数相乘十分容易，但是想要对其乘积进行因式分解却极其困难，因此可以将乘积公开作为加密密钥。这就是现在常用的密码术。值得一提的是，虽然说只要密钥的长度足够长，用RSA加密的信息实际上是非常难以被解破的，但是，如果量子计算机的研制成功并得以使用，那么传统的这些密码术在量子计算机面前有可能会成为“玩具”。

量子密码，也称为量子密钥分发，是用量子力学知识开发出的一种不能被破译的密码系统，它能够使通信的双方产生并分享一个随机的、安全的密钥，用来加密和解密信息。也就是说，如果不了解发送者和接收者的信息，该系统是完全安全的。量子密码系统是从20世纪下半叶逐渐建立起来的。为什么说量子密码是不可破解的呢？是因为它以量子效应作为安全模式的关键。谈到这里，需要涉及量子力学中的海森伯“测不准关系”和“单量子不可复制定理”。“单量子不可复制定理”是测不准关系的一个推论，是指在不知道量子状态的情况下复制单个量子是不可能的。这是因为想要进行复制就得进行测量，而一旦进行测量，则必然会改变原有量子的状态。实际中，窃听者截获某个信息的行为对于被窃听的信息来说就是一种外来的测量，一旦有测量，原来的系统就会被破坏，这样窃听者获得的信息实际上就是毫无用处的。同时，一旦原有的量子态被改变，接收者很容易就可以判断出传输的信息已经被动了手脚。所以，凭着量子态的“一触即变”，便可以研制出不可破解的密码系统。应该指出，密码系统只用于产生和分发密钥，并不负责传输任何实质的信息。

简单看一下量子密码是如何工作的：以基于单光子技术的量子密码通信为例，请参考图6.10。设想发送方Alice向接收方Bob(取这样的人名已经是一种惯例)逐个随机地发出互不正交的两种量子状态。窃听者Eve想要获取信息，就必须截取并测量这些量子态。显然Eve有50%的概率猜中Alice发射了哪种单光子，这时Eve能正确地测出码值。但是Eve猜错的概率也是50%(在此情况下Eve仍然有50%的概率得到正确的码值)，合起来看，Eve测得正确码值的概率为75%。为了掩饰他的窃听，测量后Eve需要伪装成Alice向Bob发送单光子，这些单光子中将有25%是错误的。这么

发送的密钥比特	0	1	0	0	1	1	0	1
发送者选择的测量方式	+	+	×	×	+	+	×	×
发送的光子偏振	↑	→	↗	↗	→	→	↗	↘
接收者选择的测量方式	×	+	×	+	×	+	+	×
接收到的光子偏振	↗或↘	→	↗	↑或→	↗或↘	→	↑或→	↘
最终生成的量子密钥		1	0			1		1

图 6.10　BB84 量子通信过程

高的误码率将被通信双方发现，所以他们就可以选择舍弃本次通信，从而保证通信的安全保密。BB84 协议是国际上首个量子密钥分发协议，是 1984 年由贝内特和布拉萨尔开发出来的，其工作过程如图 6.10 所示（这里仅给出 BB84 量子密码方案）。图中第一行是发送方随机发送的密钥比特；第二行是发送者选择的测量方式（相当于把不同的滤色片遮于光源前）。光子有一个固有的称为极化的属性，一个光子或者被＋基（两种线偏振态）极化，或者被×基（两种圆偏振态）极化。BB84 就是使用了光子的这四种偏振态来进行编码的。第三行是经测量之后发送的光子偏振。第四行和第五行分别对应接收者随机选择的测量方式和接收到的光子偏振（由于无法预知将到达的光子的偏振状态，接收者只能随机选择测量方式）。然后，借助经典通信方式，接收者必须发送信息给发送方并告知他自己在哪些量子比特位上使用了哪一个测量基。发送方 Alice 在接到 Bob 发送的消息后，将信息与自己发送时采用的基逐一比对，并通知接收者 Bob 在哪些位置上选择的基是正确的。Alice 和 Bob 丢掉测量基选择有分歧的部分，并保存下来使用了同一测量基的位，并从保存下来的信息中随机选取一部分抽样在经典信道中作对比（信道安全的情况下 Alice 和 Bob 的数据应当是没有分歧的），通信双方可以通过误码率的分析来发现窃听者是否存在（如检验误码率是否超过理论阈值等）。如果没有窃听者，Alice 和 Bob 有相同测量基的比特位就最终生成为量子密钥（图 6.10 中第 6 行）。

2001年，科学家从理论上证明了完美的BB84协议具有无条件的安全性。如果有100个码元，那么窃听者Eve不被发现的概率只有$(1-25\%)^{100}=3.2\times10^{-13}$，这个概率是非常非常小的。更何况在实际通信中，码元的数量可以远远大于100个。但是，理论上的完美并非现实条件下的"完美"。例如，完美实现BB84需要完美的单光子光源，但目前人类要做出完美的单光子光源还非常困难(还会发出多个光子)，因此还是存在安全漏洞的。

目前，量子密钥也存在"稳定性"的问题。因为实际中，要想让一对纠缠的粒子在比较长的距离中保持稳定是件非常不容易的事情。各种因素都可能破坏它们的稳定性，从而导致传输的信息变成乱码。为了解决长距离上纠缠粒子保持稳定的问题，我国科学家进行了不懈的努力，研究结果处在国际的前列。量子密钥分发的距离也一直在不断被刷新。到2017年8月，我国利用"墨子"号量子卫星已经成功实现了从卫星到地面的量子密钥分发。这是该项研究的世界最远纪录。

现在，量子密码术主要是基于单个光子的应用以及它们固有的量子属性的。这样的系统在不被干扰的情况下是无法测定其量子状态的。换句话说，任何试图测定这些系统的量子状态的尝试都必定会对系统产生干扰。理论上，也可以使用其他粒子而不使用光子，但是使用光子有很多优点，包括光子有量子密码术所需要的良好品质，行为容易理解，特别是可以作为目前最有前途的高带宽通信介质光纤电缆的信息载体。量子密码已经引起了密码界和物理学界的高度重视，利用量子密码有可能建立一种崭新的不可破译的安全通信体系，从而满足现代通信技术对保密性的高度苛刻的要求。

6.5 量子隐形传态

所谓"量子隐形传态"，往往也被称为量子远距离传输或量子隐形传输等。这是一种全新的信息传递方式，是在量子纠缠效应的帮助下，传递量子态所携带的量子信息。所谓隐形传送指的是脱离实物的一种"完全"的信息传送。因为容易引起误解，让我们预先认真指出，量子隐形传态无法将任何实物作瞬间的转移,只能“转移”量子态的信息。由于应用了量子纠缠效应,它有可能让一个量子态在一个地方神秘消失,而又瞬间在另一个地方出现。这里的“瞬间”指物理上的瞬间,即不需要耗费时间。

首先介绍一下量子隐形传态的基本原理。

我们假设信息的传递方和接收方分别称为 Alice 和 Bob,Eve 是可能的窃听者。现在,Alice 的手上有一个连她自己都不了解其量子态的微观粒子 A,她的目的是要将这个未知的量子态传递给远方的 Bob,但是粒子 A 本身并不需要被传递出去。做到了这一点,就是进行了所谓的量子隐形传态(图 6.11)。那么,要达到这个目的,Alice 和 Bob 就必须拥有一对具备量子纠缠的“EPR”粒子对,可以假设这一对纠缠粒子分别为 E1 和 E2。根据量子力学原理,无论是对 E1 和 E2 中的哪一个粒子进行测量,另一个相关联的粒子一定会立即做出相应的变化,无论它们相隔多远。这样,E1 和 E2 纠缠粒子就可以在 Alice 和 Bob 之间搭建一条所谓的量子通道。当 Alice 将纠缠粒子 E1 和她手里原有的粒子 A 进行某种特定的随机测量之后(测量,即意味着某种相互作用),E1 的状态将会发生变化。同时,Bob 掌握的纠缠粒子对中的 E2 粒子就会瞬间坍缩到相应的量子态上。根据纠缠的意义,E2 坍缩到哪一种状态完全取决于 E1,即取决于上述 Alice 的随机测量行为。此后,还要通过经典的信息传递通道,将 Alice 所做测量的相关信息传递给 Bob。Bob 获得这些信息之后,就可以对手里的纠缠粒子 E2(状态已经改变)做一种相应的特殊变换,便可以使粒子 E2 处在与粒子 A 原先的量子态

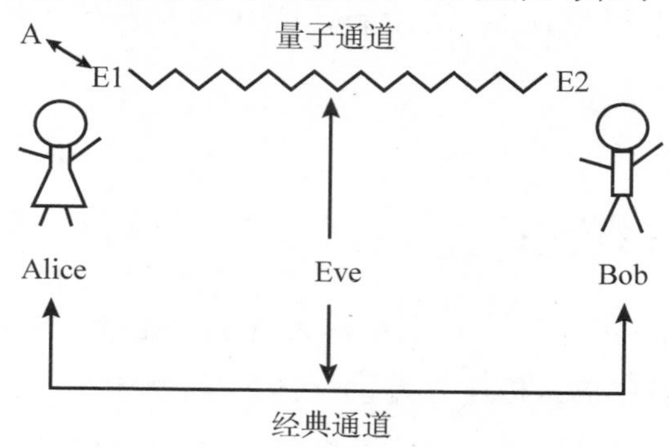

图 6.11 量子隐形传态示意图

完全相同的态上(尽管这个量子态仍是未知的)。这个传输过程完成之后,A坍缩隐形了,A所有的信息都传输到了粒子E2上,因而称为"隐形传输"。所以,整个过程被称为"量子隐形传态"。在整个过程中,Alice和Bob都不知道他们所传递的量子信息到底是什么。

可以看到,在量子隐形传态中涉及了经典的信息传输通道,那么整个信息传递系统的安全性会不会有问题呢?由于经典的通道只是要告诉接收方传递方已经进行了怎样的特定变换,除此之外,并不包含有关粒子A量子态的任何信息。所以,即便有人截获了经典通道的信息,也是没有任何用处的。

量子隐形传态是量子通信的基本过程,也是量子通信中最简单的一种。为了实现全球的量子通信网络,量子隐形传态的可行性是前提。2017年8月,中国科学院宣布,我国"墨子"号量子卫星的三大既定科学目标已全部提前实现。其中,我国研究人员首次实现了从地面到卫星的量子隐形传态,大幅度提高了可靠的量子隐形传态的距离,这为我国在未来继续引领世界量子通信技术的发展奠定了坚实的科学和技术基础。

还可以看到,量子隐形传态并不能完全脱离经典的行为,它还需要借助经典的信息传递通道再结合EPR量子通道来传递量子信息。当然,这已经是一种比以往的纯经典信息传递方法更加先进的信息传递方式了。经典通道的存在,还意味着信息被传递的速度上限是光速这一限制并没有被打破!所以,人类的时空穿梭、超时空转移等极具科幻色彩的事情还完全是一个美好的愿望而已。

远距离复制物体却是可能的。因为根据量子理论,构成所有物体的同一种微观粒子都是等同的,例如,你身体里的电子和这本书中的电子是完全相同的(参见4.5节的量子力学公设(5))。移动一个物体需要移动组成物体的所有粒子,但是要复制一个物体,只要在空间的另一处利用相同的微观粒子重建所有的组成粒子的量子态就可以了。这样,就可能利用量子隐形传态的方式在远距离制造出原物体的一个复制物。但是应该指出,根据海森伯的测不准关系,即便通过上述方式复制出的物体也一定不会是原物体完美的精确复制品。因为测不准关系不允许我们精确地测量原物体的所有信息，既然无法获得所有精确的信息，那么精确复制也是不可能的了。

6.6 量子通信

量子通信是一种利用量子纠缠效应进行信息传递的新型通信形式，是近二三十年发展起来的新兴交叉学科。这个学科已经逐步从理论走向实验，再走向大规模的实用化。量子通信具有高效率和安全的信息传输能力，已经开始受到人们的极大关注，也是量子力学和信息科学领域的研究热点。

保密通信在“程序”上需要经过密钥分发、信息编码、信息传送，以及信息解码等步骤。在量子通信中，量子密钥分发是用量子力学的知识开发出的一种不能被破译的密码系统（凭着量子态的“一触即变”的性质），即如果不了解发送者和接收者的信息，它是一种不可破解的密码系统（见 6.4 节）。关于信息的传送，量子隐形传态是量子保密通信中采用的基本过程（至少目前还是）。1993 年，美国科学家贝内特提出了量子通信的概念，之后，6 位来自不同国家的科学家，基于量子纠缠理论，提出了利用经典和量子相结合的方法实现量子隐形传态的方案。量子隐形传态从此成为量子通信中的核心部分，我们已经在 6.5 节进行了详细的讨论（请复习 6.5 节），这里就不再做更多的叙述。量子通信主要涉及量子密码通信、量子隐形传态和量子密集编码等。我们已经解释了量子密码通信和量子隐形传态，还需要解释一下量子密集编码：这是一种在量子纠缠的基础上兼顾安全通信和高效通信的量子通信协议，它可以实现通过发送单个量子比特进行通信而获得两个经典比特的信息量。如果说量子隐形传态是利用经典通信方式辅助的方法来传送未知的量子信息，那么量子密集编码就可以看成是利用量子传输通道来传送经典比特对应的信息。想深入了解量子通信的读者，还需要阅读其他的书籍。

1997 年，在奥地利留学的中国青年学者潘建伟（图 6.12）和荷兰学者波密斯特等合作，首次实现了未知量子态的远程传输。这是国际上第一次在实验上成功地将一个量子态从甲地的光子传送到乙地的光子上。当然，实验中传输的只是表达量子信息的状态，作为信息载体的光子本身并没有被传输。

图 6.12 潘建伟

2016 年 8 月 16 日，我国成功在酒泉卫星发射中心发射了一颗“墨子”号量子科学卫星(图 6.13)。墨子可能是第一个发现光沿直线传播的中国人，而“墨子”号卫星则可能改变我们这个世界的信息传播方式。这颗卫星是未来覆盖全球的量子通信网络的先驱。在量子纠缠和量子隐形传态领域，“墨子”号量子卫星同样肩负着重要的科学目标，即在空间尺度上通过实验来检验量子力学本身的完备性。一年后的 2017 年 8 月，中国科学院宣布，“墨

图 6.13 量子科学卫星

子”号量子卫星的三大既定科学目标已全部提前实现。第一个成果，“墨子”号量子卫星将量子纠缠分发的世界纪录提高了一个数量级。通过向地面发射光子，每对处于纠缠态的光子中的一个发向青海德令哈站，另一个发向云南丽江站，两个地面站之间的距离达1203千米，这是世界上首次实现上千千米量级的量子纠缠。此星地双向量子纠缠分发和量子力学非定域性检验的研究成果发表在2017年6月的美国《科学》杂志上。此外，第二个和第三个重要成果分别是，“墨子”号卫星首次成功实现了从卫星到地面的量子密钥分发和从地面到卫星的量子隐形传态，此两项成果于2017年8月同时在线发表在《自然》杂志上。2016年年底，“墨子”号量子卫星和人类首次探测到引力波等重大科学成果共同入选英国《自然》杂志点评的年度国际重大科学事件。作为新一代的先进通信技术，量子通信具备高效性和绝对安全性，已成为近年来国际科研竞争中的焦点领域之一。量子通信不仅在军事、国防等领域具有重要的作用，而且会极大地促进国民经济的发展。

对新鲜事物的认识和理解无疑是一步一步向前的。最初，对于量子通信方面的科研项目的评审意见，据说基本上是：量子信息研究这个东西还很不靠谱，要使用起来很难。这个状态到2000年之后才有所好转，这时候国际上在量子信息科学上的研究得到了比较快的发展。

科学上总是允许严肃的质疑的。当前对量子通信的质疑主要有：①直接质疑量子理论，即直接质疑上面我们认真讨论过的量子力学的非定域性。回答这个质疑的唯一方法就是通过检验量子纠缠的那些实验。已经有不少实验验证了量子纠缠确实存在，尽管到现在我们还不清楚为什么会有量子纠缠发生，背后的东西是什么。②质疑干扰问题。实际上，说量子通信卫星的抗干扰能力弱并不确切，其实与经典通信是一样的。这种抗干扰能力跟无线通信、光纤通信是一样的。量子通信可以保证通信的过程是绝对安全的（当然，信息传递的两个终端本身不要出问题）。③第三个质疑不尽合理，主要是问国外做得如何了？我们可以与之相比吗？对于这一点，我们应该有自信。世界上第一颗量子通信卫星的发射，让我国在这个领域走在了世界的前列。

2017年9月，中国量子保密通信“京沪干线”项目（图6.14）获得评审专家组认可。评语称："完成了预期的技术验证和应用示范任务，同意通过技术验收。"这意味着，世界首条量子保密通信骨干线路已具备开通条件。2016 年年底，"京沪干线"就已经全线贯通，搭建了连接北京、济南、合肥、上海的全长 2000 多千米的量子保密通信骨干线路，进行了大尺度量子保密通信技术试验验证。"京沪干线"将推动量子通信在金融、政务、国防、电子信息等领域的大规模应用，建立完整的量子通信产业链和下一代国家主权信息安全生态系统，最终构建基于量子通信安全保障的量子互联网。中国在量子技术的实用化和产业化方面继续走在了世界前列。

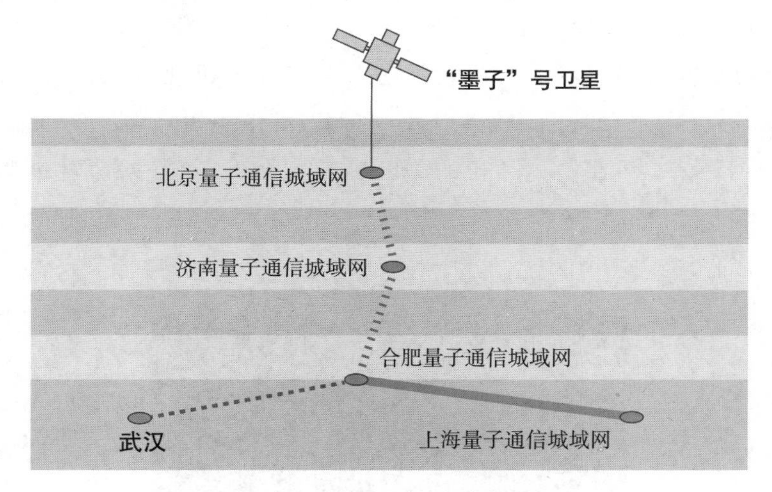

图 6.14 量子保密通信京沪干线

6.7 量子计算

计算机是 20 世纪人类最为重要的技术发明之一，使我们能够突破各种极限，但也使我们离开了它就寸步难行。计算机把我们带入了信息时代，给我们的工作和生活带来了巨大变化。当今的(传统的)计算机芯片的集成度以大约每 18 个月就提高一倍的速度快速增长(摩尔定律)。这样，计算机芯片的集成度在不久的将来就会达到原子分子量级(10^{-10} 米)，这时热量和量子效应甚至会完全破坏芯片的功能。所以，构想能够超越传统计算机的新模型是一个非常重要的方向。美国阿冈国家实验室的保罗·贝尼奥夫

(Paul Benioff)第一个提出，利用量子物理的二态系统模拟数位 0 与 1，可以设计出更有效能的计算工具。1982 年，费曼对量子计算机做了概念上的引申，使得更多的物理学家注意到量子力学与计算科学之间可能的关联。1985 年，英国牛津大学的德义奇进一步阐述了量子计算机(图 6.15)的概念，并且证明了量子计算机可以比传统计算机具有更强大的功能。1994 年，贝尔实验室的数学家肖尔发表了突破性的工作——快速整数因数分解方法(如今已被称为肖尔算法，Shor's Algorithm)。由于该算法可能破解目前普遍采用的 RSA 密码系统，引起了极大的震撼。所以，从 1994 年之后关于量子计算和量子通信的论文迅速增加，也开始吸引了大量的研究经费。1995 年，美国的格鲁弗又证明了在搜索问题上量子计算机也可以比传统的计算机优越。目前，美国、欧洲、日本以及中国已经有了相当多这方面的研究。肖尔本人于 1998 年在柏林举行的国际数学大会上，获得奈望林纳奖(为纪念 1980 年过世的芬兰数学家罗尔夫·奈望林纳而设)。这是国际数学大会颁发的四个大奖之一。

图 6.15　量子计算机

传统计算机的理论模型是采用图灵机模式。通用的量子计算机，其理论模型是用量子力学规律重新诠释通用的图灵机。量子计算是一种遵循量子力学规律，调控量子信息单元而进行计算的新型计算模式。为了形象地理解什么是量子计算机和量子计算，我们来给量子计算机做一个"经典的类比"(反对做经典类比的读者可以略去此处)。既然是"经典的类比"则意味着实际的情况其实并不是这样的，但是这里的图像可以帮助我们粗略地理解量子计算这个比较复杂的量子现象。

假设有一台量子计算机，内含 100 个量子比特(Qbit)，我们可以用图 6.16(a)中的 100 个高速(或者说接近于光速)旋转的碟子来类比这 100 个量子比特。所谓量子比特，就是一个二态的量子系统(或者说，一个含有两个量子态的量子系统理论上都可以视为一个量子比特)，所以每个量子比特中的这两个量子态刚好类比于碟子的两个面。如果将碟子的两个面分别标记为 0 和 1，这就对应着量子比特(量子态)的两个本征值。因为是量子计算机，则意味着这 100 个量子比特之间必须是量子纠缠的(请参考 6.2 节，专门讨论过量子纠缠)。对此，我们可以将量子纠缠类比为每个碟子与其他任意一个碟子(其余的 99 个碟子)之间都有隐形的细绳相连接，而且这些绳子的弹性常数基本上趋于无穷大。这就是一台量子计算机最粗略的物理图像(做了非常简捷的经典类比，见图 6.16(a))。再提醒一下，对量子计算机的经典类比并不是对实际情况的真实表达，只是一种帮助初学读者理解的方式。

在类比了量子计算机之后，我们来看一下什么是"量子计算"。所谓的"计算"，就相当于是量子力学中的所谓"测量"。在图 6.16(b)中，计算或者测量就相当于用手将一部分旋转的碟子按倒到桌面上。一旦有部分碟子被按倒，则所有的碟子都会"瞬间"地同时倒下，这是因为量子比特之间具有我们上面提到的量子相干性(注意到，碟子之间有弹性常数几乎无穷大的绳子连接)。当所有的碟子都倒下后，就没有量子比特了，所有的量子比特(量子态)都"跃迁"到它的某个本征态上了(例如，要么是 0 或要么是 1)。这样，就得到了如图 6.16(c) 所示的计算结果：10…11…01。这样，计算就得以完成。显然，不同的“测量”(不同的按倒碟子的方式、算法)会对应不同的计算结果。

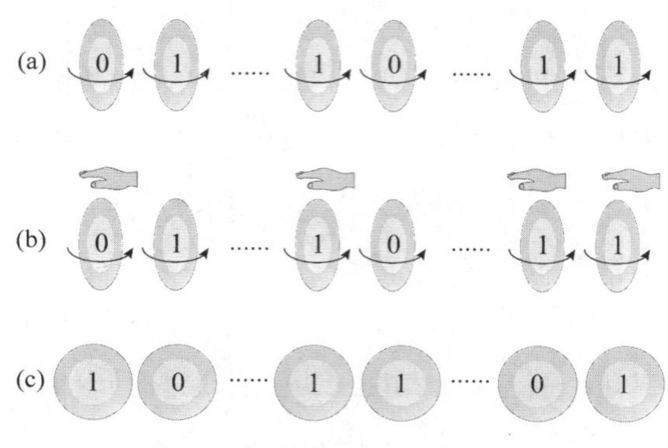

图 6.16 量子计算的经典类比

以上只是一种对量子计算的“类比”。再细节一点，量子计算机与传统的通用计算机一样，也是由存储器和逻辑门网络组成的，但是量子计算机的存储和逻辑门与传统计算机的是不同的。可以做一个简单的比较：普通的计算机中，两位的存储器在某一时间仅能存储四个二进制数(00、01、10、11)中的一个；而量子计算机的两量子位存储器则可同时存储这四个数，因为每一个量子比特可表示两个状态(如自旋的上与下、圆偏振的左旋与右旋)。如果有更多量子比特的话，量子计算机的计算能力可以呈现指数式提高(这是很重要的)。也就是说，量子计算机与传统计算机的一个主要区别是，传统计算机使用 1 和 0 存储信息(并开展运算)，而量子计算机中使用的量子比特所能包含的信息要多得多。所以，常规的计算机信息单元为比特(bit)，用二进制的一个位来表示，不是 0 就是 1 。量子计算机中量子信息单元量子比特，除了可处于 0 态或 1 态，还可以处于 0 态和 1 态的任意线性叠加态(0 态和 1 态以一定的概率同时存在，请参考 4.3 节的量子力学公设(2))。实际上，任何两态的量子系统都可以用来实现量子比特，例如氢原子中电子的基态和第一激发态，质子自旋在任意方向的 $+1/2$ 分量和 $-1/2$ 分量，以及圆偏振光的左旋和右旋等。根据量子力学，对 n 个量子比特而言，它可以承载 $2n$ 个状态的叠加状态，而且量子计算机将保证每种可能的状态都以并行的方式演化(这来自量子力学的原理)。这意味着如果有500个量子比特的话,量子计算的每一步会对2^{500}种可能性同时做出操作。2^{500}是一个非常“可怕”的数,比地球上已知的原子数还要多。而且这是真正的并行处理,而当今传统计算机中的并行处理器其实仍然是一次只做一件事情。原理上,要在量子计算机中实现高效率的量子并行运算,就要用到量子相干性。所谓的相干性,也称为“态之间的关联性”,是我们多次提到的非定域性。由于量子比特串列的量子相干性,只要对一个量子比特进行处理,其影响就会“立即”传送到串列中其余的量子比特。正是由于量子纠缠态神奇的关联效应,才使得量子计算机可以实现量子并行算法,从而在许多问题上可以比传统计算机大大减少操作次数。

量子计算机和量子计算的困难(或优越)之处主要在于:①要有尽量多的量子比特;②量子比特间需要实现量子纠缠;③量子位的量子相干时间要尽量长;④量子算法的“设计”。量子计算机与传统计算机的外形如此之不同,就是因为在量子计算机中必须保证量子比特之间的量子纠缠(如要使用低温下的超导技术等)。技术上,实现量子计算的许多障碍主要是实验上对微观量子态的操纵确实太困难了。已经提出的操控方案主要有利用冷阱束缚离子、电子或核自旋共振、量子点操纵、超导量子干涉以及原子和光腔相互作用等。最近,金刚石中的氮原子——空位色心(NV center)受到了特别的重视。建造一台大型量子计算机,就必须能够让它在量子层面上运行,可是一旦试图建立一个大到满足需求的计算机时,它的量子效应就不可避免地开始消失,体系便开始遵循宏观世界的经验规律。量子计算使计算的概念焕然一新,它将在科学研究中发挥巨大的作用。量子计算机的作用远不止解决一些传统计算机无法解决的问题。

目前,关于量子计算还有很多技术和细节上的问题和困难,简单引述如下:①量子位不能固有地拒绝噪声;②无误差量子计算机需要量子纠错;③大数据输入不能有效加载到量子计算机中;④量子计算机的中间状态不能直接测量;⑤量子算法的设计富有挑战性,等等。

思考题

6.1 如何理解量子纠缠与一般意义下的“经典纠缠”(书中例子)的区别?

6.2 量子通信的出现,是否意味着信息被传递的速度可以突破光速?

6.3 量子计算机与传统计算机之间的主要差别是什么?

6.4 量子力学中,贝尔不等式的重要意义是什么?

6.5 量子纠缠态的数学形式是什么?

第7章

高等一点的量子力学

7.1 自旋是什么

“自旋是什么?”这是学生很喜欢问的问题。然而另一面,学生却很少问“质量是什么? 电荷是什么?”其实,自旋与质量、电荷等物理量一样,是一个微观粒子的基本属性。也就是说,电子(或其他微观粒子)的自旋角动量及其相应的磁矩是电子本身的内禀属性,所以通常也被称为内禀角动量和内禀磁矩。自旋角动量是粒子与生俱来所带有的一种角动量,并且其量值一定是量子化的,无法被改变(但自旋角动量的指向可以透过操作来改变)。相对于大家熟悉的静止质量和电荷,自旋是微观粒子的一个新的自由度。已经有大量的实验证明,自旋及其相应的内禀磁矩是标志各种基本粒子的非常重要的物理量,每个粒子都具有特有的自旋。自旋是量子力学当中特有的,并没有经典物理学的对应物。在量子力学中,其含义也只有在相对论量子力学中才能搞清楚。自旋为 0 的粒子从各个方向看都一样,就像一个点。自旋为 1 的粒子在旋转 360°后看起来一样,自旋为 2 的粒子旋转 180°看起来一样,自旋为 1/2 的粒子则必须旋转 2 圈看起来才会一样。自旋为半整数的粒子组成宇宙中的“物质”,而自旋为 0、1、2 的粒子产生物质粒子间的力。已经发现的粒子中,自旋为整数的,最大自旋为 4;自旋为半奇数的,最大自旋为 3/2。自旋为 1/2 的粒子包括电子、正电子、质子、中子、中微子和夸克等,光子的自旋为 1,理论假设的引力子自旋为 2,希格斯玻色子在基本粒子中比较特殊，它的自旋为 0。原子和分子的自旋是原子或分子中未成对电子的自旋之和，未成对电子的自旋导致原子和分子具有顺磁性。

量子力学经常有悖于我们的日常生活经验，在前面的讨论中我们已经多次遇到这种情况了。自旋，也是一个不好想象的东西。例如，一个粒子必须旋转 2 圈才会和它自己露出同一面孔（那么旋转 1 圈所露出的面孔就与自己不一样了?）这是根本无法想象的事情，这里面的意义只能通过数学去把握。

以上叙述的是关于自旋的基本知识。现在来看看引入自旋所基于的主要实验事实。

1）碱金属光谱线的精细结构

当使用较高分辨率的光谱仪观察钠的光谱时，发现许多光谱线都有双线结构，即谱线有精细结构。所谓精细结构，指的是发现原来的一条谱线实际上包含了两条或几条波长非常接近的谱线。钠的黄色谱线常被称为 D 双线，两条谱线的波长分别为 5890 埃和 5896 埃。为了解释碱金属谱线的双线结构，就必须引入自旋，并考虑进自旋角动量和轨道角动量的耦合。

2）反常塞曼效应

在强磁场中，原子光谱线发生分裂的现象（一般分裂为 3 条）称为正常塞曼效应。对于正常塞曼效应，不需要引入自旋及其磁矩的概念，就可以加以解释。但是，在弱磁场情况下，非单态的谱线会发生复杂的分裂，分裂的条数不一定是 3 条，谱线间隔也不一定是一个洛伦兹单位，这就是所谓的反常塞曼效应。为了解释反常塞曼效应，必须引进电子的自旋。而且，除了需要考虑磁场与自旋的耦合，还必须考虑自旋角动量和轨道角动量之间的耦合。

如上所述，为了解释原子光谱中的一些复杂现象，必须引入自旋的概念。乌伦贝克和古兹密特就是为了解释这些困难，于 1925 年基于这些实验事实而提出了自旋的假设。他们最初提出的自旋概念具有机械的性质：就像地球绕着太阳的运动那样，电子一方面绕着原子核运转，一方面还会自转。只不过电子的自旋角动量在空间中的分量可能而且只能有两个值 $\pm\frac{\hbar}{2}$。自旋角动量与轨道角动量（或自旋运动与轨道运动）是非常不同的，把电子的自旋看成机械的自转是不对的(经典的角动量示意图见图 7.1)。当乌伦贝克和古兹密特的论文还没有发表(但是已经投稿)时,洛伦兹就指出,根据测不准关系估算出来的"自转"速度将远大于光速。所以,自旋不是自转。如果说电子要绕着它的自转轴旋转,那么这个轴又是什么?由于量子力学根本就不把电子视作球体,那么这个自转轴就是没有意义的。自旋是微观粒子的固有运动,这个运动与粒子所处的状态无关。例如,不管是被原子核束缚住的电子,还是金属中的近自由电子,或是星际虚空中完全自由的电子,自旋这个量不受任何影响。电子的自旋永远保持不变,而且永远与其自身联系在一起。

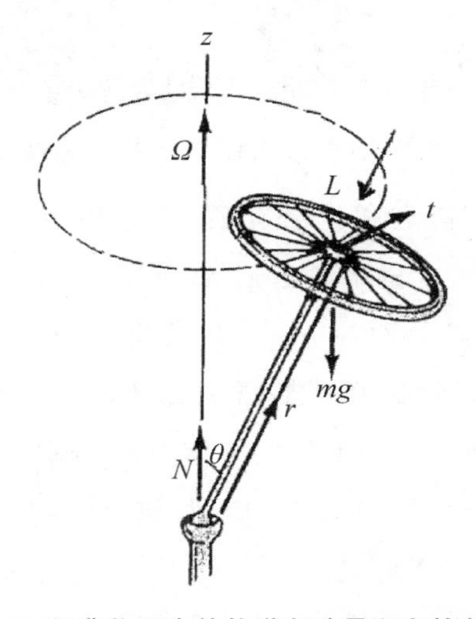

图 7.1 经典物理中的轨道角动量和自转角动量

这里面有两个插曲。

插曲 1:荷兰莱顿大学的两位研究生乌伦贝克和古兹密特(图 7.2)在研究原子光谱的时候产生了电子有"自旋"的想法(他们并不知道克罗尼格也有过这样的想法)。两人找到导师埃仑费斯特征求意见,埃仑费斯特不是很确定,但建议两人写一篇小论文发表。乌伦贝克和古兹密特在将论文交给埃仑费斯特之后,就去求教于洛伦兹。洛伦兹计算后发现,对于这样的情况电子表面运动的速度会达到光速的 10 倍。乌伦贝克和古兹密特两人大吃一惊,赶紧赶回学校想撤销那篇论文,但是已经太迟了,埃仑费斯特已经将论文寄给了《自然》杂志。据说两人当时非常懊恼,埃仑费斯特只好安慰他们："你们还年轻，做点蠢事也没关系。"结果论文发表后，玻尔、爱因斯坦都表示赞同，海森伯也改变了原先反对的态度。就这样，非常重要的自旋终于被发现。

图 7.2　乌伦贝克(左)、克莱默斯(中)和古兹密特(右)

插曲 2：当 1925 年初泡利提出著名的"不相容原理"之后，人们已经知道，原子中的电子需要 4 个量子数来描述。当时，大家已经知道了 3 个量子数，而这第 4 个是什么，则众说纷纭。在乌伦贝克和古兹密特发现自旋之前，当时正在哥本哈根访问的克罗尼格就想到，可以把电子的第 4 个自由度看成电子绕着自己的轴旋转。他找到了泡利和海森伯，提出了这一思路，结果遭到两个德国人的一致反对。因为若是这样，电子又被想象成一个实在的小球(这是量子力学中不愿意看到的)，那至少它的表面旋转速度会高于光速。就这样，克罗尼格与自旋的伟大发现失之交臂。这一年的秋天，乌伦贝克和古兹密特就在研究光谱的时候独立产生了自旋的思想。

在凝聚态物理、化学和材料学等许多领域中都需要大量使用到电子的自旋，我们来稍稍多看一下电子的自旋(图 7.3)，它有特殊的重要性。正如上面已经指出的，电子具有自旋角动量的特性纯粹是量子特性，没有经典物理的对应，也不可能使用经典物理学来解释。虽然说自旋角动量也是一个力学量，但是它和其他力学量有根本的差别：一般的力学量可以表示为坐标和动量的函数，但是自旋角动量却与电子的坐标和动量无关。电子的自旋量子数取半整数的值，这与轨道量子数有很大的区别，后者的量子数的取值只能为整数。电子的自旋是电子内部状态的表征，是描写电子状态的第 4

个变量。所以，电子的波函数应该写为

$$\psi=\psi(x,y,z,s,t)$$

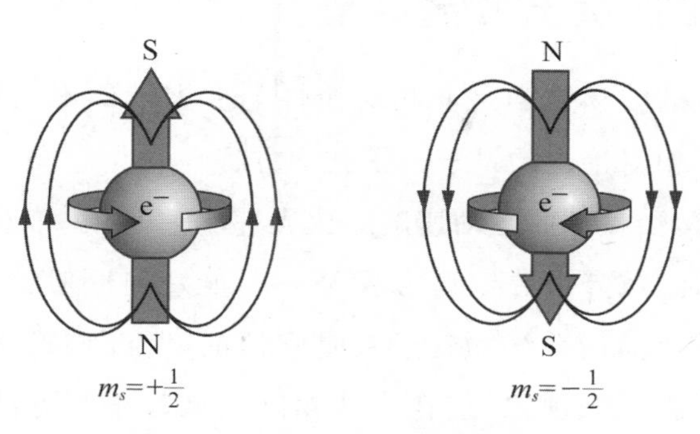

图 7.3　电子自旋示意图

由于电子的自旋只能取两个数值$\pm\hbar/2$，所以波函数可以进一步写成一个二行一列的矩阵：

$$\boldsymbol{\psi}=\begin{pmatrix}\psi_1(x,y,z,t)\\ \psi_2(x,y,z,t)\end{pmatrix}$$

式中，ψ_1 和 ψ_2分别对应着自旋为$+\hbar/2$ 和$-\hbar/2$ 时的波函数。

理论上，对自旋的完整描写应该归功于狄拉克方程。1928 年，杰出的英国物理学家狄拉克提出了一个关于电子运动的相对论性的量子力学方程，即狄拉克方程，这个新的方程的解有极佳的相对论不变性。狄拉克做了一件不寻常的事情：他把四个波函数引入薛定谔方程，以代替原先的一个波函数。与波函数的数目相对应，方程有四个解，而前两个解就是两种可能意义下的电子自旋。也就是说，这个新方程考虑进了有自旋角动量的电子作高速运动时的相对论效应。从这个方程可以自动导出电子的自旋量子数为 1/2，还正确地给出了电子的内禀磁矩等。电子的这些性质过去都是从实验结果中总结出来的，并没有理论上的解释，而狄拉克方程却可以自动导出这些重要的基本性质，这是很了不起的。关于狄拉克方程的更多讨论，请参看 7.2 节“相对论性量子力学”。

最后，自旋、质量和电荷都是从哪里而来的？这可以从一门叫作“量子场论”的物理学理论中得到说明。但是，这些内容超出了我们科普量子力学的初衷。感兴趣的读者可很容易找到量子场论的相关书籍阅读。

7.2 相对论性量子力学

薛定谔建立的波动力学是非相对论性的。为了使本书更加完整,在这里简单介绍一下相对论性的量子力学波动方程。

我们都知道,当粒子的运动速度远比光速小的时候,相对论效应是很小的,可以忽略不计。这时,薛定谔方程是一个很好的近似。但是,非相对论性的薛定谔方程所描述系统的粒子数是守恒的,所以它不能描述物理中常见的粒子产生于湮灭的现象(这在高能物理领域是很常见的)。显然,我们需要建立相对论性的波动方程。

其实,在差不多与薛定谔方程提出的同时,就有所谓的克莱恩-戈登方程被提出:

$$-\hbar^2 \frac{\partial^2}{\partial t^2}\psi = (-\hbar^2 c^2 \nabla^2 + m^2 c^4)\psi$$

在这个方程中,对时间和空间都是二阶导数的,这与薛定谔方程不同。在薛定谔方程那里,对时间是一阶导数的而对空间是二阶导数的。最初,在将克莱恩-戈登方程看成描述单个粒子的运动方程时遇到了困难。直到 1934 年,泡利等给方程予新的解释,才让人意识到这是一个描述自旋为零,但质量不为零($m \neq 0$)的粒子的方程。

为了克服克莱恩-戈登方程遇到的负概率的困难,狄拉克在 1928 年提出了关于电子的相对论性的波动方程,被广泛称为狄拉克方程。尽管把狄拉克方程看成单个电子的运动方程时还存在负能级的困难,但是它还是取得了很大的成功,引起了巨大的关注,并在此后相当长的一段时间内被人们视为唯一可信的相对论性波动方程。狄拉克方程可以给出氢原子光谱的精细结构、电子的自旋和内禀磁矩,以及自旋-轨道耦合作用等一些重要的性质。狄拉克方程还预言了正电子(电子的反粒子)或反粒子的存在。1932 年,正电子被加州理工大学的 C. D. 安德森的实验观察到,安德森由此而获得 1936 年的诺贝尔物理学奖。需要指出,单粒子理论还不能处理电子的反常磁矩、氢原子能级的兰姆移动以及粒子的产生和湮灭等一些现象。

在泡利和韦斯科夫的努力下(1934年),人们终于认识到克莱恩-戈登方程、狄拉克方程以及麦克斯韦方程都应该被理解为场方程。这些方程分别描述了自旋为零(但静质量不为零)、自旋为$\hbar/2$以及自旋为$\hbar$(但静质量为零)的场。这些方程也分别称为标量场、旋量场和矢量场的场方程。

狄拉克对量子力学的贡献是巨大的。所以,我们有必要较详细叙述一下狄拉克的生平,并把他的各个具体的贡献穿插其中。保罗·狄拉克(图7.4),1902年8月8日出生在英格兰西南部的布里斯托尔,但是他一出生就加入了瑞士国籍,直到17岁时才取得英国国籍。他的父亲老狄拉克出生在瑞士的瓦莱州(一个讲法语的州)。老狄拉克20岁时就离开了家庭,远走他乡到日内瓦大学学习。1890年前后来到英格兰,定居在布里斯托尔,以教法语为生。1919年时才成为英国公民。狄拉克的母亲是一位船长的女儿,曾在布里斯托尔中央图书馆担任图书管理员。狄拉克还有一个妹妹和哥哥。

图7.4 狄拉克

狄拉克的性格受到父亲的深深影响,贯穿了他的整个童年和青年时期。老狄拉克是一个固执己见、严格和专制的家长,狄拉克与父亲的关系很紧张。老狄拉克为了使孩子们学习法语,强迫他们在家里只能说法语。但是狄拉克经常无法用法语表达他想说的话,所以只好选择保持沉默,这与后来狄拉克的性格内向不无关系。狄拉克的父亲厌恶社交,把孩子们也管得像坐牢一般。狄拉克后来曾抱怨他的父亲把孩子们养育在一个冷酷、沉寂和孤立的环境中。狄拉克的哥哥在1925年3月自杀，与家庭环境脱离不了关系。狄拉克后来回忆说："（对于他哥哥的自杀）我的父母非常痛心。我不知道他们这么在乎……"1936年狄拉克父亲去世，狄拉克没有感到太多的伤心。在他给妻子的信中写道："我现在感到自由多了。"在前面的章节中我们看到，其他的大物理学家——例如玻尔、海森伯和薛定谔等都是在富有文化教养和社交融洽的氛围中长大的，而且他们早年都对艺术、诗歌或音乐有所钻研。相比之下，狄拉克的成长经历是不幸的。当然也有人说，正因为有这样的家庭环境，狄拉克才把时间都用在对大自然的思考上面（可惜这是无法考证的，实际情况也未必是这样的）。

年幼的狄拉克在一所普通小学读书，12岁时被转到商业职业技术学校读书，他的父亲就在那里任教。与当时英国的许多学校不同，商校不重视古典文学和艺术课程，只重视科学、实用科目和现代语言。在学校，狄拉克并没有被认为是一个杰出的天才，尽管他表现得还不错，而且对数学有异常的兴趣和才能。狄拉克阅读了很多超出他年龄所能接受的数学书籍，但很少阅读古典文学和人文主义的书。他在1980年回忆道："那里不教拉丁语，也不教希腊语，我很乐意这样，因为我欣赏不了古典文化的价值。"狄拉克16岁时完成了中学学业，但是对于未来要从事何种职业，他没有什么主意。他还是一个没有主见的男孩。1918年，狄拉克进入布里斯托尔大学工学院，学习电机工程专业，尽管他最喜欢的科目是数学。成为工程师被认为是自然而然的事情，因为这是个稳定的职业，这时候的狄拉克还没有想到将来要选择一个做专业研究的职业。1921年，狄拉克在获得学位的前不久，参加了剑桥大学圣约翰学院的入学测验，他通过了入学考试并获得了一笔70英镑的奖学金，然而这笔钱不足以支付他在剑桥就读及生活所需的费用。于是，狄拉克选择接受了免学费攻读布里斯托尔大学数学学士学位的机会。1923年，狄拉克再度以第一级荣誉的成绩毕业并获得剑桥140英镑的奖学金，加上来自约翰学院的70英镑，这笔钱足够他在剑桥居住与求学了。

这期间（1919—1921年），有一件事对狄拉克选择未来的职业起到了至关重要的影响。1919年，英国天文学家惊人地证实了广义相对论所做的预言，即对日食的观测证实了爱因斯坦所预言的光线弯曲。这一事件在当时引起了巨大的轰动，使得爱因斯坦默默无闻的广义相对论一夜间举世瞩目。1920—1921年，狄拉克聆听了一系列关于相对论的讲座，并很快就深入了下去。在布里斯托尔，狄拉克掌握了狭义相对论和广义相对论，特别是里面所使用的绝大多数数学工具。这期间，狄拉克还坚持不懈地钻研数学，特别是应用数学。1923年夏，他在布里斯托尔大学以优异的成绩通过了考试。

1923年秋，21岁的狄拉克来到剑桥。从此，剑桥大学开启了狄拉克人生中辉煌的新篇章，把他造就成一位世界级的著名理论物理学家。剑桥大学不仅云集了很多伟大的科学家，还聚集了一批冉冉升起的科学明星。狄拉克最初想拜坎宁安为师，希望向他学习相对论。但是坎宁安不想再带研究生了，所以狄拉克被分配给了拉尔夫·福勒，这无疑是一个非常幸运的选择(哪怕对人类来说)。福勒是剑桥唯一的一位紧跟量子理论最新进展的人物，特别是和哥本哈根的玻尔关系密切。起初，狄拉克觉得他知之甚多的电动力学和相对论比较有趣，但是福勒指导他开始接触原子理论，很快狄拉克也感到那是个非常有趣的新领域。只用了一年时间，狄拉克就非常熟悉原子的量子理论了。年轻的狄拉克是一个不声不语的人，在他发表关于量子力学的论文之前，他在剑桥是完全默默无闻的。但是，来到剑桥仅仅半年的时间，狄拉克就开始发表论文了，尽管这第一篇论文只是个热身。两年内，狄拉克就发表了7篇论文，开始在英国物理学界崭露头角。1925年，海森伯提出矩阵力学理论，狄拉克起初对此并不特别欣赏，然而约两个星期之后，他意识到新理论当中的不可对易性带有重要的意义，并发现了经典力学中泊松括号与海森伯提出的矩阵力学规则的相似之处。1925年11月，从海森伯提出第一个量子力学理论开始算起才刚刚过了四个月，狄拉克就写出了一系列的四篇论文，很快受到了理论物理学家们的关注。狄拉克把四篇文章合在一起作为博士论文提交给剑桥大学，校方理所当然极为愉快地授予狄拉克博士学位。1926年，薛定谔以物质波的波动方程形式提出了自己的量子理论。狄拉克很快就发现薛定谔的波动力学和海森伯的矩阵力学都可以看成是他自己更普遍表述的特例，换言之，波动力学和矩阵力学是等价的。

狄拉克对量子力学的贡献是多方面的。从时间上讲，最辉煌的时期是从 1925 年至 1930 年这大约 5 年的时间。1926—1927 年，狄拉克发表了量子力学的变换理论，还与费米分别独立地建立了自旋为半整数的粒子的统计理论，即费米-狄拉克统计；1927 年，他提出了二次量子化方法，把量子论用于电磁场，为量子场论的建立奠定了基础；1928 年，他与海森伯合作，发现交换相互作用，引入了交换力的重要概念；同一年，他建立了相对论性的电子理论，提出了相对论协变性的波动方法，由此提出了空穴理论，预言了正电子的存在。可见，狄拉克在变换理论的建立方面、在相对论电子理论的创立方面，以及在量子电动力学基础的建立方面都做出了重要的贡献。狄拉克除了获得了诺贝尔物理学奖，还获得了英国皇家奖章、英国皇家科普利奖章、奥本海默奖章等。

1925 年起，狄拉克就已经是一位著名的理论物理学家了。但是个性上，狄拉克的沉默寡言是非常著名的，即便是和狄拉克相处多年已经相当熟识的人，也无法与狄拉克非常顺畅地交流。有人戏称，一小时说一个字，就是语速的“狄拉克单位”。当然，善良的人会说，狄拉克是在追求语言逻辑的严密，是在追求效率，不喜欢唠叨。但是，沉默寡言毕竟还是使狄拉克缺少人际交往。所以，他把大部分的时间都放在研究上面。无论周围环境如何，无论自己的心境如何，狄拉克都能够把全部心思投入到阅读文献上。1932 年，狄拉克荣登剑桥大学第 15 届卢卡斯数学教授宝座，这可是一个享有非常崇高地位的职位。1933 年，狄拉克又获得了科学界的最高荣誉——诺贝尔物理学奖。此后，尽管狄拉克开始了很多的受访、交流、演讲、参观、访问等各种社交活动，但依然没有看到他要结婚的样子，甚至记者们把他说成是“惧怕女人的天才”。有一个八卦是这样说的：1929 年，狄拉克和海森伯从美国去日本讲学。在去日本的船上，海森伯不停地和女孩跳舞，但是狄拉克却一直坐在边上看。过了很长时间，狄拉克终于忍不住问海森伯：“你干吗要跳舞呢?”海森伯说这里的女孩都不错。狄拉克想了半天，说道：“可是你在跳舞之前怎么就能知道她们都不错呢?”

莫特曾经回忆说，在剑桥作为物理专业的学生是“一件孤独得可怕的事情”，然而狄拉克一点都没有觉得孤独。狄拉克实际上排除了会干扰他做研究的所有外部活动，包括运动、政治和女孩。狄拉克非常看重他在剑桥所过的宁静生活，使他能够全身心地投入到研究中。1933 年当他得知自己获得诺贝尔奖时，他甚至表示不想去领奖。卢瑟福告诉他，不去领奖才会引起更大的关注。

1937 年，狄拉克"竟然"结婚了。他的妻子玛吉特是著名理论物理学家维格纳的妹妹。他们是偶然在普林斯顿相遇的，当时狄拉克正在那里访问。玛吉特与狄拉克有非常互补的性情，她豪爽、健谈、坦诚又独立，显然对狄拉克来说有特殊的吸引力。对于狄拉克的婚姻，玛吉特在回忆录中写道："保罗不是一个严厉的父亲，他与孩子们很疏远……这是一段古老的、维克多利亚式的婚姻。"

狄拉克曾经说过，在研究风格上，薛定谔与他最为相像。他们都非常欣赏数学之美，这种"感情"一直贯穿在他们的科学研究中。他们都相信，在任何描述自然界基本规律的表达式中，必然有伟大的数学之美蕴含其中，这种信念已经成为他们获得成功的基础。总而言之，狄拉克为物理学留下了一系列带有革命性的重要概念和新方法，这些创造性的思想和方法为当代物理理论的发展开拓了一条全新的道路。从 20 世纪 20 年代开始，狄拉克便成为 20 世纪物理科学的领衔人物，他的成果深刻地改变了物理学的面貌。

7.3 量子力学看起来应该是这样的

本书到现在为止只列出非常少的一些方程和公式，主要还是通过语言的平铺直叙来表述。所以，可能大家会认为量子力学就是如本书到目前为止所叙述的那样。实际上，用平常的语言是不可能完整地表述量子力学的，量子力学的语言是数学的。对于一个物理系、化学系或材料系的大学生来说，其实量子力学应该是这样子的：

对一个氢原子：

$$\hat{H}=\frac{\hat{p}_N^2}{2M}+\frac{\hat{p}_e^2}{2m}-\frac{e^2}{|r_e-r_N|}$$

取质心坐标系：

$$\left(\frac{\hat{p}^2}{2\mu}-\frac{e^2}{r}\right)\psi(\boldsymbol{r})=E\psi(\boldsymbol{r})$$

这里

$$\mu=\frac{mM}{(m+M)},\quad \boldsymbol{r}=\boldsymbol{r}_e-\boldsymbol{r}_N$$

取球坐标系：

$$\left\{-\frac{\hbar^2}{2m}\left[\frac{\partial^2}{\partial r^2}+\frac{2}{r}\frac{\partial}{\partial r}+\frac{1}{r^2}\left(\frac{\partial^2}{\partial\theta^2}+\cot\theta\frac{\partial}{\partial\theta}+\frac{1}{\sin^2\theta}\frac{\partial^2}{\partial\varphi^2}\right)\right]-\frac{e^2}{r}\right\}\psi(r,\theta,\varphi)$$
$$=E\psi(r,\theta,\varphi)$$

分离变数：

$$\psi(r,\theta,\varphi)=R(r)Y_{lm}(\theta,\varphi)$$

得角度部分：

$$\frac{1}{\sin\theta}\frac{\partial}{\partial\theta}\left(\sin\theta\frac{\partial Y}{\partial\theta}\right)+\frac{1}{\sin^2\theta}\frac{\partial^2 Y}{\partial\varphi^2}+[l(l+1)Y(\theta,\varphi)]=0$$

（略去大量的数学过程）得角度部分的解就是标准的球谐函数 $Y_{lm}(\theta,\varphi)$ 。

径向方程：

$$\frac{\mathrm{d}^2R(r)}{\mathrm{d}r^2}+\frac{2}{r}\frac{\mathrm{d}R(r)}{\mathrm{d}r}+\frac{2\mu}{\hbar^2}\left[E+\frac{e^2}{r}-\frac{l(l+1)\hbar^2}{2\mu r^2}\right]R(r)=0$$

作变量变换：

$$\rho=\left(\frac{8\mu\mid E\mid}{\hbar^2}\right)^{1/2}r$$

则

$$\frac{\mathrm{d}^2R}{\mathrm{d}\rho^2}+\frac{2}{r}\frac{\mathrm{d}R}{\mathrm{d}\rho}+\left[\frac{\sigma}{\rho}-\frac{l(l+1)}{\rho^2}-\frac{1}{4}\right]R=0,\quad 其中\ \sigma=\frac{e^2}{\hbar^2}\left(\frac{\mu}{2\mid E\mid}\right)^{1/2}$$

以上方程的求解在数学上有标准做法。略去复杂的求解过程，最后结果为

$$E_n=-\frac{\mu e^4}{2\hbar^2}\frac{1}{n^2}\ (n=1,2,\cdots)$$

$$\psi(r,\theta,\varphi)=\sum_{n=1}^{\infty}\sum_{l=0}^{n-1}\sum_{m=-l}^{+l}a_{n,l,m}R_{n,l}(r)Y_{l,m}(\theta,\varphi)$$

简单讨论一下这个结果：从一个定态薛定谔方程 $\hat{H}\psi(\boldsymbol{r})=E\psi(\boldsymbol{r})$ 的表观上看，这个本征值问题也就只能解出本征值 E 和本征函数 $\psi(\boldsymbol{r})$了。可以

看到，上面得到的能量的值(称为能量本征值)是一个个不连续的分立值，在原子中被称为能级(像一级一级台阶一样)。波函数 ψ 的表达式中为什么有这么多求和号？这又是4.5节中量子力学公设(2)的要求！我们已多次看到公设(2)的重要性了。

氢原子问题在量子力学的发展过程中曾经起到了举足轻重的作用，它是极少数可以做严格解的量子力学问题之一。理解氢原子对理解其他原子或离子都有非常重要的作用。对于攻读量子力学课程的读者来说，氢原子的求解是应该掌握的。

以上是一个普通量子力学的问题。可能地，量子力学的二次量子化的处理方式会更加重要。这里以哈伯德模型的哈密顿量为例：

考虑由 N 个原子组成的简单晶体：

$$H=\sum_i h(\boldsymbol{r}_i)+\frac{1}{2}\sum_{i,j}V_{ij},\quad V_{ij}=\frac{e^2}{|\boldsymbol{r}_i-\boldsymbol{r}_j|}$$

为了简单起见，只考虑单个未填满的孤立 s 带。这样，在布洛赫表象中，哈密顿量的二次量子化的表达式为

$$H=\sum_{k,\sigma}E_k C_{k,\sigma}^{+}C_{k,\sigma}+\frac{1}{2}\sum_{k_1,k_2,k_1'k_2'}\sum_{\sigma_1,\sigma_2}\langle k_1,k_2\mid V\mid k'_1,k'_2\rangle C_{k_1,\sigma}^{+}C_{k_2,\sigma'}^{+}C_{k_2',\sigma'}C_{k_1,\sigma}$$

其中，

$$\langle k_1,k_2\mid V\mid k'_1,k'_2\rangle=e^2\int\frac{\psi_{k_1}^{*}(\boldsymbol{r})\psi_{k_2}^{*}(\boldsymbol{r}')\psi_{k_1'}(\boldsymbol{r})\psi_{k_2'}(\boldsymbol{r}')}{|\boldsymbol{r}-\boldsymbol{r}'|}\mathrm{d}\boldsymbol{r}\mathrm{d}\boldsymbol{r}'$$

采用瓦尼尔表象：

$$\psi_k(\boldsymbol{r})=\frac{1}{\sqrt{N}}\sum_i \mathrm{e}^{\mathrm{i}\boldsymbol{k}\cdot\boldsymbol{R}_i}a(\boldsymbol{r}-\boldsymbol{R}_i)$$

以及

$$C_{i,\sigma}^{+}=\frac{1}{\sqrt{N}}\sum_k \mathrm{e}^{-\mathrm{i}\boldsymbol{k}\cdot\boldsymbol{R}_i}C_{k,\sigma}^{+}$$

$$C_{i,\sigma}=\frac{1}{\sqrt{N}}\sum_k \mathrm{e}^{\mathrm{i}\boldsymbol{k}\cdot\boldsymbol{R}_i}C_{k,\sigma}$$

可得出瓦尼尔表象中的二次量子化的哈密顿量：

$$H=\sum_{i,j}\sum_{\sigma}T_{i,j}C_{i,\sigma}^{+}C_{j,\sigma}+\frac{1}{2}\sum_{i,j,l,m}\sum_{\sigma_1,\sigma_2}\langle i,j\mid V\mid l,m\rangle C_{i,\sigma}^{+}C_{j,\sigma'}^{+}C_{m,\sigma'}C_{l,\sigma}$$

其中，

$$T_{i,j}=e^2\int a^*(\boldsymbol{r}-\boldsymbol{R}_i)h(\boldsymbol{r})a(\boldsymbol{r}-\boldsymbol{R}_j)\mathrm{d}\boldsymbol{r}=\frac{1}{N}\sum_k \mathrm{e}^{\mathrm{i}\boldsymbol{k}\cdot(\boldsymbol{R}_i-\boldsymbol{R}_j)}E_k$$

$$\langle i,j\mid V\mid l,m\rangle=e^2\int\frac{a^*(\boldsymbol{r}-\boldsymbol{R}_i)a^*(\boldsymbol{r}'-\boldsymbol{R}_j)a(\boldsymbol{r}-\boldsymbol{R}_l)a(\boldsymbol{r}'-\boldsymbol{R}_m)}{|\boldsymbol{r}-\boldsymbol{r}'|}\mathrm{d}\boldsymbol{r}\mathrm{d}\boldsymbol{r}'$$

上式是个多中心积分，可以化成单中心，双中心，…积分。考虑一个窄带，那么单中心积分是最重要的，即

$$\begin{aligned}U&\equiv\langle i,i\mid V\mid i,i\rangle\\&=e^2\int\frac{a^*(\boldsymbol{r}-\boldsymbol{R}_i)a^*(\boldsymbol{r}'-\boldsymbol{R}_i)a(\boldsymbol{r}-\boldsymbol{R}_i)a(\boldsymbol{r}'-\boldsymbol{R}_i)}{|\boldsymbol{r}-\boldsymbol{r}'|}\mathrm{d}\boldsymbol{r}\mathrm{d}\boldsymbol{r}'\end{aligned}$$

假设只取这个单中心积分项，这就是哈伯德模型。那么

$$H=\sum_{i,j}\sum_{\sigma}T_{i,j}C_{i,\sigma}^{+}C_{j,\sigma}+\frac{U}{2}\sum_{i}\sum_{\sigma,\sigma'}C_{i,\sigma}^{+}C_{i,\sigma'}^{+}C_{i,\sigma'}C_{i,\sigma}$$

因为粒子数算符 $n_{i,\sigma}=C_{i,\sigma}^{+}C_{i,\sigma}$，再考虑电子的自旋只有两个取值，而且由泡利不相容原理，不能在同一个格点 i 上产生两个自旋取向相同的电子，所以 $\sigma'=-\sigma\equiv\bar{\sigma}$。最后得

$$H=\sum_{i,j}\sum_{\sigma}T_{i,j}C_{i,\sigma}^{+}C_{j,\sigma}+\frac{U}{2}\sum_{i}\sum_{\sigma}n_{i,\sigma}n_{i,\bar{\sigma}}$$

这就是著名的哈伯德模型的哈密顿量。它在凝聚态物理等领域中有非常重要的意义，在许多方面都有重要的应用。特别是在金属-绝缘体相变以及狭带磁性中，排斥势 U 起到关键的作用。至于如何求解哈伯德模型，已超出本书的范围。

从上面的讨论可以看到，如果略去推导过程中的说明（这是完全可以的），那么量子力学就只剩下一堆纯粹的数学公式了。其实，量子力学也应该是这样的，这是因为物理的语言就是数学的，物理规律都必须用数学公式表达出来。用通常的语言可能永远也无法说清楚一个数学公式所蕴含的所有含义。

7.4 密度泛函理论

很多时候我们遇到的问题是，量子力学的原始方程实际上只是在墙壁上画了一个饼，它根本就没有办法吃。也就是说，相应的薛定谔方程因过于复杂而根本无法求解。事实上，这个世界上目前可以解析求解（或称严格解）的实例是非常有限的，其中最重要的例子是氢原子。氢原子仅由一个质子和一个电子构成，是一个二体问题，所以是可以严格求解的。但是，对于氦原子，它有一个核和两个电子，这样的三体问题目前就没有严格解。更不用说一个简单的氢分子，它含有四个粒子，所以也没有解析解。这样看来，对量子力学的基本方程做近似求解是很有必要的。

让我们来看一个很著名的例子，这就是所谓的密度泛函理论（density functional theory，DFT）。我们早已知道，直接使用薛定谔方程处理固体材料的问题是非常困难的（看来是不可能的），所以必须发展出有效的近似计算方法。在重要的近似方法中，密度泛函理论可以给出很直观的说明，易于理解。科恩（图 7.5）就因为对密度泛函理论的根本性贡献，获得 1998 年的诺贝尔化学奖。沃尔特·科恩，1923 年 3 月出生于世界名城维尔纳的一个犹太人家庭。16 岁时科恩从纳粹统治下的奥地利逃亡到了加拿大，而他的父母均在纳粹集中营中被杀害。这一悲惨的遭遇一直影响着科恩的一生和他的政治态度。科恩曾经参加了第二次世界大战，战后进入加拿大的多伦多大学深造，于 1945 年获得学士学位，1946 年获得硕士学位。1948 年，他在哈佛大学获得博士学位。科恩曾在哈佛大学、卡内基·梅隆大学以及加利福尼亚大学的圣地哥和巴巴拉分校任教。

图 7.5 科恩

固体材料是由大量原子构成的，处理这样的多粒子体系的出发点当然还是体系的薛定谔方程：

$$\hat{H}\psi(\boldsymbol{r},\boldsymbol{R})=E\psi(\boldsymbol{r},\boldsymbol{R})$$

其中，

$$\hat{H}=-\sum_{i}\frac{\hbar^2}{2m_e}\nabla_{ri}^2-\sum_{j}\frac{\hbar^2}{2M_j}\nabla_{R_j}^2+\frac{1}{2}\sum_{i\neq i'}\frac{e^2}{|r_i-r_{i'}|}+\frac{1}{2}\sum_{j\neq j'}\frac{Z_jZ_{j'}e^2}{|R_j-R_{j'}|}-\frac{1}{2}\sum_{i,j}\frac{Z_je^2}{|r_i-R_j|}$$

上式中每一项的求和都是对大数的求和(每一项的含义就不予说明了，相信有量子力学和物理基础的人很容易就看出其意义)，这个大数约为 10^{23}。我们写出这个复杂的数学公式并没有实在的意义，它的用意就是要告诉大家，这样的系统有多么复杂。显然，直接求解以上问题的薛定谔方程是不可能的(就算不是，可能性也是极小的，因为哈密顿算符实在是太复杂了)。在这里，我们将说明，在密度泛函理论的近似下，上面的问题是可能得到求解的(哪怕还存在一点近似)。

假如我们必须将量子力学的主要数学框架用三句话表述，那大体应该如下所示。我们也可以将密度泛函理论的数学框架用三句话表述出来，也列在下面。现在让我们来仔细看一下原始的量子力学的“三句话”与密度泛函理论的“三句话”的对比：

量子力学	密度泛函理论
(1) Ψ 是体系的基本量	(1) 密度 ρ 是体系的基本量
(2) 基本量 Ψ 满足薛定谔方程	(2) 基本量 ρ 满足科恩-沈吕九方程
(3) 力学量的平均值 $\bar{F}=\int\psi^*\hat{F}\psi\,\mathrm{d}\tau$	(3) $\bar{F}=F[\rho]\approx F(\rho)$

在这里，密度 ρ 是波函数的平方。从上述的对比可以看出密度泛函理论与原始的量子力学方法之间的差别。①体系的基本量变了。这是一个“巨大的”变化！量子力学中的基本量是波函数 Ψ，整个量子力学体系都是从这个波函数延伸开来的。但是，在密度泛函理论中，基本量已经不再是体系的波函数 Ψ 而是波函数的平方 ρ 了。可以想见，密度泛函理论与原始的

量子力学将会是多么的不同！至于为什么系统的基本量可以变化？这要归结到霍恩伯格-科恩(Hohenberg-Kohn)定理上(超出了本书的内容范围)。②求解的基本方程改变了。量子力学是求解薛定谔方程，而密度泛函理论则求解科恩-沈吕九(Kohn-Sham)方程。为什么基本方程也变了？当然是因为基本量已经变了，相应地基本量必须满足的基本方程也自然会变化。科恩-沈吕九方程就是密度 ρ 应该满足的方程，它是由科恩和沈吕九在1965年导出的。③求解基本方程之后，求力学量的平均值的办法也改变了。量子力学中，力学量的平均值等于力学量相应的算符与波函数间的一个积分(见4.5节)。而在密度泛函理论中，为了得到力学量的值，人们必须"寻找到"该力学量与密度 ρ 之间的函数关系。有点遗憾的是，有的物理量至今我们还没有找到它们与密度之间的精确关系，例如交换关联能(自然地，总能与密度之间的精确关系也是未知的)。

近年来，计算机技术得到了飞速发展，计算能力得以空前提高。基于密度泛函理论(而它又是基于量子力学)的计算已经越来越多地被应用到表面、固体、材料的设计、合成、模拟以及大分子等诸多方面的科学研究中。现在，密度泛函理论已经发展成为计算物理、计算化学、计算材料学甚至是计算生物学的一个非常重要的基础方法。总结一下，完全从量子力学的基本方程出发，你可能根本就无法下手，你遇到的数学问题的复杂程度可能远远超出目前人类的数学能力。但是，容忍一定的近似，便可能通过量子力学的基本方程发展出一套有效的近似求解方法，密度泛函理论便是一个很好的例子。这就是为什么这个理论方法能够获得诺贝尔奖的原因。很可惜，这类非常有效的近似理论还很少。可以说，如果能够牺牲一点求解的精度，从而换来一个复杂问题的近似解，那将是非常划算的。

正因为密度泛函理论(DFT)是基于薛定谔方程之上的一个近似理论，所以DFT计算并不是对薛定谔方程的精确解。可以说，无论何时进行DFT计算，在DFT得到的能量与薛定谔方程真实的基态能量之间都存在差别。目前，除了与实验结果进行仔细的比较，还没有什么好办法来直接估算这个差别。

7.5 量子力学和相对论的不相容

量子力学和相对论是现代物理学的两大支柱，但是越来越多的物理学家认识到，这两个基本理论的基础是有矛盾的。应该指出，我们通常所说的“量子力学与相对论的不相容”，严格地说，应该是“量子场论与广义相对论之间的不相容”（广义相对论著名的效果之一“光线弯曲”，图 7.6）。狭义相对论和量子力学完全是相容的，量子场论就是所谓的相对论性的量子力学。量子力学与狭义相对论的结合早已完成了。

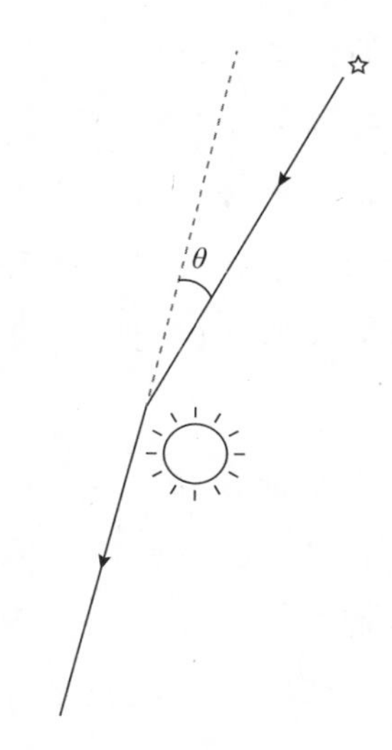

图 7.6 光线经过太阳边上时的弯曲

广义相对论和量子场论在各自的领域内都经受了无数的实验检验，迄今为止，还没有任何确切的实验观测与这两者之一相矛盾（这似乎是一个理论超前于实验的时代）。我们寻求量子力学与相对论的完整统一，来自于我们对完美物理学的不懈追求。将广义相对论和量子场论简单地合并起来作为自然图景的完整描述还存在很多难以克服的困难，这归结于广义相对论和量子场论彼此间在本质上并不相容。现在看来，广义相对论和量子场论都不可能是物理理论的终结，寻求一个包含广义相对论和量子理论基本特点的更普遍的理论是一种合乎逻辑的努力。

爱因斯坦最早注意到量子力学与相对论的不相容性。在 1927 年的第五届索尔维会议上，爱因斯坦指出，如果量子力学是描述单次微观物理过程的理论，则量子力学将违反相对论。1935 年，在论证量子力学不完备性的 EPR 文章中（见 6.1 节），爱因斯坦再一次揭示了量子力学的完备性同相对论的定域性假设之间存在矛盾。在爱因斯坦看来，相对论当然无疑是正确的，而量子力学违反相对论必然是不正确的，或者至少是不完备的。1964 年，贝尔提出了著名的贝尔不等式，进一步显示了相对论所要求的定域性与量子力学非定域性之间的深刻矛盾，并提供了利用实验来进行判决的可能性。根据贝尔的分析，如果量子力学是正确的，它必定是非定域的。1982年，阿斯派克特等的实验结果证实了量子力学的预言，显示了量子非定域性的客观存在。

尽管量子非定域性的存在已经为实验所证实，然而，量子力学与相对论的不相容问题至今仍然没有得到满意的解决。根本原因在于，一方面，量子力学的理论基础似乎还没有坚实地建立起来；另一方面，量子力学所蕴含的非定域性与相对论的定域性又暗示了相对论的普适性同样受到怀疑。总之，广义相对论和量子场论的理论基础是有冲突的，不相容性主要体现在：相对论的定域性（即没有超距的相互作用）和量子力学的非定域性（例如量子纠缠）之间的矛盾。

上面说的这两套理论之间存在矛盾，并不代表它们是不可调和的。量子力学和相对论都还应该是相对真理，它们都还需要发展。因此，寻求一个包含广义相对论和量子理论基本特点的更普遍的理论似乎是需要的。弦论就是现今最有希望将自然界的基本粒子和四种相互作用力统一起来的理论。所以，在这里简单介绍一下弦论。

弦论认为自然界的基本单元不是电子、光子、中微子和夸克之类的粒子，这些看起来像粒子的东西实际上都是由振动方式不同的闭合弦构成的。但是这一理论至今未能得到实验确切的证明，因为人类还没有足够先进的粒子对撞机。关于弦理论提出的十维空间，人类正在探索中，因为高维空间是所有生活在三维世界的人所理解不了的。

让我们来看看弦论以及当代物理学给我们描绘的大统一的世界：

在宇宙的极早期，即在宇宙诞生的 10^{-43} 秒内，它的直径仅有 10^{-33} 厘米，这时我们的空间是十维的，所有的空间维数都平等地蜷缩在一起。因为宇宙的能量极高（温度极高），这样的空间中所有的四种力都融为一体，广义相对论和量子理论可以归结为一个理论（超大统一，图 7.7）。但是，这样高维度和高能量的空间是极不稳定的，于是大爆炸发生了。维度被解散、温度降低。三维的空间和一维的时间无限延伸开来，逐渐形成了我们今天可感知的宇宙；而另外六维的空间则仍然蜷缩在普朗克尺度（即 10^{-33} 厘米）内。

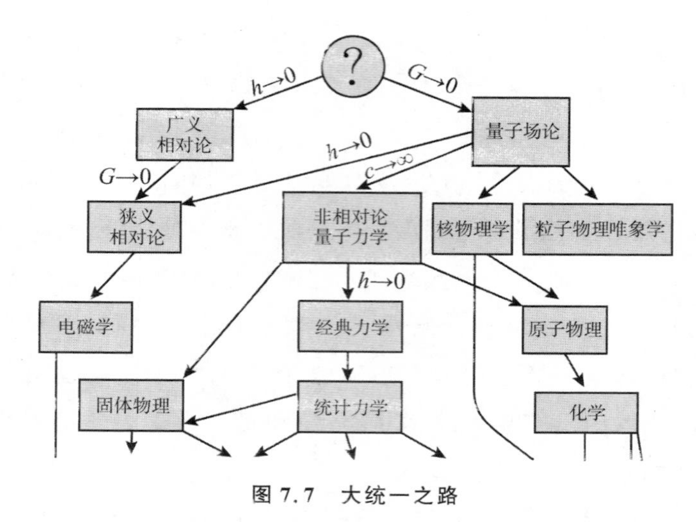

图 7.7 大统一之路

h 为普朗克常量，c 为光速，G 为引力常数

当宇宙的温度降到 10^{32} 开(开氏度)这样极高的温度时，引力与其他大统一力分离开来，引力随着宇宙的膨胀而不断延伸成长程力。随着宇宙进一步的胀大和冷却，其他三种力也开始分裂，强相互作用力和弱电相互作用力也开始剥离开来。当宇宙产生 10^{-9} 秒之后，它的温度降低到了 10^{15} 开，这时弱-电相互作用力也破缺为电磁力和弱相互作用力。在这一温度，所有四种力都已相互分离，宇宙成了由自由夸克、轻子和光子组成的一锅“汤”。稍后，随着宇宙进一步的冷却，夸克组合成了质子和中子，它们最终形成了原子核。在宇宙产生 3 分钟后，稳定的原子核开始形成。

当大爆炸发生 30 万年后，最早的原子问世。宇宙的温度降至 3000 开，氢原子得以形成，它们不至于由碰撞而破裂。此时，宇宙终于变得透明，光可以传播数光年而不被吸收。在大爆炸发生 100 亿至 140 亿年后的今天，宇宙惊人的不对称，破缺致使四种力彼此间有惊人的差异。原来大爆炸时的极高温现在已被冷却至 3 开，已接近绝对零度。这就是宇宙简要的演变史，可见随着宇宙的渐渐冷却，力都解除了相互的纠缠，逐步分离出来了。

虽然多数人并不了解弦论中深奥的数学，弦论的含义在最近的一些年里还是得到了“足够的”普及。简单叙述一下弦理论的发展史还是可能的：

1968 年，年轻的理论物理学家维尼齐亚诺正在努力搞清楚实验观测到的强核力的各种性质。一天,他惊奇地发现,著名数学家欧拉在200年前因纯粹的数学目的而构造的一个公式——所谓的欧拉β函数——似乎一下子就描写了强相互作用的大量性质。维尼齐亚诺的发现将强力的许多性质纳入了一个强有力的数学结构中,并掀起了一股热浪。欧拉的β函数似乎很有用,但没人知道为什么。那时,β函数还是一个等待解释的公式。到了1970年,芝加哥大学的南部阳一郎、尼尔斯·玻尔研究所的尼尔森和斯坦福大学的苏斯金揭示了藏在欧拉公式背后的物理秘密。他们证明,如果用小小的一维振动的弦来模拟基本粒子,那么它们的核相互作用就能精确地用欧拉函数来描写。他们论证说,这些弦足够小,看起来仍然像点粒子,所以还是能够与实验的观测相符。

虽然强作用力的弦理论直观、简单和让人满意,但是20世纪70年代的实验表明,弦模型预言的某个数直接与观测结果相矛盾。很多研究者于是离开了这个领域,不过,仍有几位虔诚的研究者还在守着它。例如,施瓦兹就觉得"弦理论的数学结构太美了,还有那么多奇妙的性质,一定隐含着什么更深层的东西。"1974年,施瓦兹和谢尔克在研究了信使粒子一样的弦振动模式后,发现它完全符合假想的引力的信使粒子——引力子(引力子的一些性质正好通过一定的弱振动模式实现了)。在这个基础上,谢尔克和施瓦兹提出,弦理论最初的失败是因为不恰当地限制了它的范围。他们断言,弦理论不单是强力的理论,也是一个包含了引力的量子理论。但是,令人失望的是,20世纪70年代末和80年代初的研究证明,弦理论和量子力学遭遇了各自微妙的矛盾。

直到1984年,情况才有了变化。格林和施瓦兹经过10多年艰苦的研究,终于在一篇里程碑式的论文里证明了,令弦理论困惑的那个微妙的量子矛盾是可以解决的。而且,他们还证明,那个理论有足够的能力去容纳4种基本力。之后,许许多多的粒子物理学家停下他们的研究计划,涌向这最后一个理论的战场。格林和施瓦兹的胜利甚至也感染了一年级的研究生。从1984年到1986年,是所谓的"第一次超弦革命"时期。在那3年里,全世界的物理学家为弦理论写了1000多篇研究论文。这些研究明确地证明,标准模型的许多特征简单地在弦理论中自然出现了。而且,对很多性质来说,弦论的解释比标准模型更完美，更令人满意。这些成果使许多物理学家相信弦论能够成为一个终极的超大统一理论。

在理论物理学中，我们经常遭遇的是难解或难懂的方程。弦论的情形则更加困难，它连方程本身都很难确定，至今也只是导出了它的近似形式。于是，弦论学家只限于寻找近似方程的近似解。但是，在第一次革命的巨大进步之后，物理学家发现，他们的近似解不足以回答挡在理论前头的许多基本问题。但是除了近似方法，物理学家尚找不到别的具体方法。漫长平淡的日子过后总会迎来重大的发现。大家都明白，我们需要强有力的新方法来超越过去的近似方法。1995 年，在南加利福尼亚召开的"弦 1995 年会"上，威腾(图 7.8)做了一个令在场的世界顶尖物理学家大吃一惊的演讲，宣布了"第二次超弦革命"的开始。可以预见，虽然全世界的弦论学家都还面临着前进路上的考验，但是胜利的曙光总还会被看到。更多的内容就不予叙述了。

图 7.8 威腾

可能有很多人认为，弦论是目前无法被实验验证的大统一理论，因为弦论所对应的能量区域是非常非常高的。但是，得益于弦论中引力全息对偶的研究进展，理论物理的各个领域已经不再孤立，而是被联系成一个整体，弦论也不再是孤立于其他理论的孤岛。

7.6 今日的量子

当今物理学的研究范畴非常广，研究内容多到无法没有遗漏地一一列出。研究内容从尺度上看，包括了从尺度极小的基本粒子领域一直到宇宙尺度的宇宙学领域；从时间上看，包括了从时间极小的非常早期的宇宙到宇宙现在和将来的演化等。我们知道，目前看来量子力学在除了引力之外的所有领域里都是适用的，而引力则是广义相对论适用的领域。

让我们从中国物理学会年会所设定的专题来看看当今物理学科的现状，这些设定的专题包括(从这个角度应该能够比较全面地看到当今物理学科所覆盖的范围)：

A：粒子物理、场论与宇宙学；

B：核物理与加速器物理；

C：原子分子物理；

D：光物理；

E：等离子体物理；

F：纳米与介观物理；

G：表面与低维物理；

H：半导体物理；

I：强关联与超导物理；

J：磁学；

K：软凝聚态物理与生物物理；

L：量子信息；

M：计算物理；

N：统计物理与复杂体系；

O：电介质物理；

P：液晶；

Q：超快物理；

R：使役条件与极端条件物理。

从这些专题的设立可以看出，当今物理学研究的所有的专题都离不开量子力学。换句话说，量子力学已经深入微观、介观和宏观领域的所有基础的和技术的或应用的领域。

自然界中的基本相互作用可以分为库仑相互作用、弱相互作用、强相互作用和引力相互作用。1967 年和 1968 年，美国的温伯格和巴基斯坦的萨拉姆提出了统一电磁力和弱力的“弱电统一理论”。据此，温伯格、萨拉姆和格拉肖三位理论物理学家共享了 1979 年的诺贝尔物理学奖。这个理论表明，在某些条件下，某种相互作用可以表现为库仑力，而在另外的条件下，这种相互作用又表现为弱相互作用力。目前，加上强相互作用力，一些物理学家正在探索一个所谓的“大统一理论”，即包括了电磁力、弱力和强相互作用力的统一理论。从目前被称为“标准模型”的理论来看，在现有量子力学的理论框架下就可能统一这三种相互作用力。此外，更加吸引眼球的是，一帮物理学家正在追求把四种相互作用力全部都统一起来的所谓“超统一理论”。超统一理论需要说到 7.5 节叙述的弦论，因为弦论是现在最有希望将自然界的基本粒子和四种相互作用力都统一起来的理论。弦论诞生于 20 世纪 60 年代末，是现代高能理论物理最激动人心的进展之一。弦论的一个基本观点是，自然界的基本单元不是电子、光子、中微子和夸克之类的点状粒子，而是很小很小的线状的“弦”，弦的不同振动和运动就产生出各种不同的基本粒子。目前看来，这些探索能否成功尚无定论。

追求相互作用的统一(统一场论)，在爱因斯坦和海森伯那里就开始了。但是在爱因斯坦年代，人们对弱相互作用和强相互作用还不了解，这很大程度上决定了爱因斯坦希望直接统一引力相互作用和电磁相互作用的努力将非常困难。有人说，爱因斯坦总是在“木板最厚的地方钉钉子”。爱因斯坦的后半生就一直在做这件非常困难的事情。虽然爱因斯坦努力探索了 30 年，最终也没有成功，但是他开拓的研究方向却极其重要，也是人类科学研究的“终极”目标。

在我们探索宇宙的时候，有两个方向。一方面，我们在非常努力地寻找能够描述整个宇宙的越来越一般的方程。每次我们能够更深层次地理解宇宙在微观和宏观上的结构，就为人类提供了更加强有力的改造世界的可能性。这类的例子不胜枚举，从蒸汽机以及各类动力装置到计算机、手机等各种发明，无一不巨大地改变了人类的生产和生活方式。但是另一方面，我们越是往最基本的方程靠近一步，我们就离“使用更深层次的基本方程构造我们所想要的东西”越遥远了一步。例如，使用夸克为我们服务就比使用电子为我们服务要难得多。

量子力学在解决天文学和宇宙学中的基本问题方面，有着根本的重要性。反过来，宇宙学和天文学也可能对理解量子力学的某些基本概念有重要帮助。有人就提出，波函数的坍缩原本被认为是完全假想中的概念，却是真实发生的物理过程，这种过程可以通过宇宙微波背景辐射观察到。所以，量子力学似乎也可以在宏观方向上拓展开。当我们研究宇宙的起源与演化时，由于在宇宙最初诞生时，宇宙空间呈微观状态，爱因斯坦的广义相对论无法说明其状况。这时，我们就必须借助于量子力学来解决问题。当宇宙演化成宏观状态时，它的演化就可由广义相对论予以说明了。

2015 年 9 月 14 日，美国的 LIGO 天文台(即激光干涉引力波天文台)首次直接探测到双黑洞合并而产生的引力波(本事件的主要贡献者获得了 2017 年的诺贝尔物理学奖)。引力波(图 7.9)的发现证实了爱因斯坦 100 年前所做的预测，弥补了广义相对论实验验证中最后一块缺失的“拼图”。由于这个引力波信号来自双黑洞的合并，因此只会出现引力波，而无法发射电磁辐射。因而，天文学家希望能够从中子星的合并中探测到引力波。这类事件除了能够引起引力波，还能发射出电磁波段的辐射——从无线电波到 γ 射线。2017 年 8 月 17 日，LIGO 和 Virgo 在 1.3 亿光年之外的 NGC 4993 星系内首次探测到了两颗中子星的合并。此次事件被命名为 GW170817，事件产生了引力波和电磁辐射，在该事件两秒后发生了一次伽马射线暴。由于这个引力波新事件意义重大，天文学界使用了大量的地面望远镜和空间望远镜进行观测。但在引力波事件发生时，仅有 4 台 X 射线和伽马射线望远镜成功监测到爆发天区，其中就有我国的首颗空间硬 X 射线调制望远镜卫星“慧眼”参与监测并做出了贡献。如果说，测量到从黑洞发出的引力波是广义相对论的胜利，那么这次中子星合并的观测也可以说是广义相对

图 7.9 引力波示意图

论和量子力学双剑合璧的胜利。这个重大发现让人们能够了解中子星的成分,而且对宇宙中重元素的起源有了新的实验证据。而且,对宇宙膨胀的速率以及宇宙的年龄又多了一个独立的测量方法。通过引力波和电磁波到达地球时间的不同,人们对引力波的速度也有了新的测量,使人类对宇宙的起源、演化和成分有了更深入的了解。

引力波的发现似乎越来越证明了广义相对论的正确性和精确性。另外,我们也知道,量子力学在微观世界领域的精确性也已经得到非常广泛的证明。但是,广义相对论和量子力学是不相容的(还存在不可调和的矛盾,见 7.5 节),例如广义相对论是定域性的,而量子力学是非定域性的。相对论和量子力学是现代物理学的两大支柱,这两大支柱的理论基础应该如何调和呢?如何将广义相对论和量子力学统一起来是物理学的未来和梦想。

最后,在谈到当今的物理学时,暗物质和暗能量(图 7.10)是应该提到的。20 世纪初物理学的天空上有“两朵乌云”:一朵与“以太”有关并由此最终产生了狭义相对论;另一朵是黑体辐射,并由此最终产生了量子力学。21 世纪初也有两个最大的谜,这就是暗物质和暗能量。怎么发现有暗物质?科学家通过计算星球与星球之间的引力发现,星球自身的这点引力远远不够维持一个个完整的星系。为了使宇宙维持现在的秩序,只能认为还有其他的物质,这就是暗物质。暗物质是一种比电子和光子还要小的物质,不带电荷,不与电子发生干扰,能够穿越电磁波和引力场,是宇宙的重要组成部

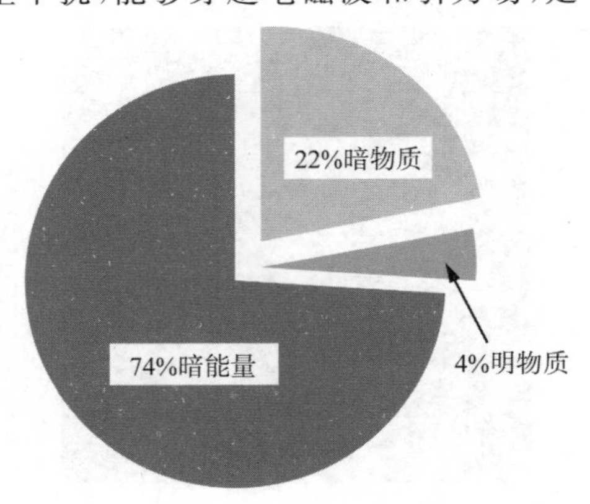

图 7.10 标准宇宙模型的预言

分。暗物质代表了宇宙中22%的物质含量，而人类可见的物质只占宇宙总物质量的5%不到。黑洞是常规物质，不是暗物质。值得一提的是，据2017年10月的《新科学家》杂志最新报道，科学家终于发现了星系与星系之间起连接作用的物质。这次发现意义重大，因为这是人们第一次发现了占宇宙中大约一半的正常物质。计算机模拟呈现出一大块"宇宙网"(图7.11)，从图中我们可以看到纠缠的丝状物将宇宙的星系连接在一起，而这种纠缠状物是由重子组成的。就是说，这种由来自法国空间天体物理学研究所和英国爱丁堡大学的两个独立的研究小组发现的"消失的物质"并不是暗物质，而是由称为重子的粒子构成的。在现代粒子物理学的标准模型理论中，重子这一名词是指由三个夸克(或三个反夸克可组成反重子)组成的复合粒子，它是强子的一类。最常见的重子有组成日常物质原子核的质子和中子，与反质子、反中子合称为核子。

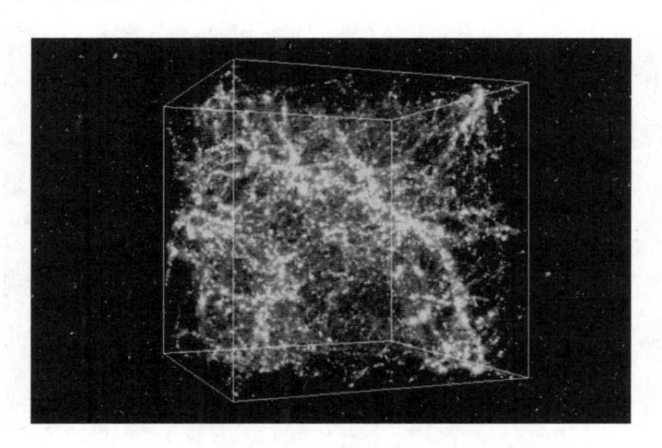

图 7.11 纠缠的丝状物将星系连接在一起

除了暗物质，科学家的观测发现，宇宙正在膨胀，而且在加速膨胀。要理解加速膨胀，就必须有新的未知的能量存在，这就是暗能量。暗能量是充溢了整个空间的、能够增加宇宙膨胀速度的一种难以察觉的能量形式。在宇宙标准模型中，暗能量占据宇宙约74%的物质含量。总之，暗物质存在于人类已知的物质之外，人们知道它的存在，但不知道它是什么，它的构成也和人类已知的物质不同。重要的是，暗物质主导了宇宙结构的形成，但暗物质的本质对我们来说还是个谜。暗能量也是一种不可见的、能推动宇宙运动的能量。宇宙中所有的恒星和行星的运动皆是由暗能量与万有引力来推动的。暗能量是宇宙学研究中的一个里程碑性的重大成果，由宇宙的加速膨胀就可以通过爱因斯坦的理论推论出压强为负的暗能量。

7.7 量子力学的随机性、叠加性和非定域性

作为本书的最后一节，有必要认真总结一下量子力学最主要的方面，就是她的随机性、叠加性和非定域性。

首先，我们来看量子力学中的随机性。在经典物理学中，起支配作用的是所谓的拉普拉斯确定论，该确定论认为，宇宙就像时钟那样运行，某一时刻宇宙的完整信息能够决定它在未来和过去任意时刻的状态。或者说，存在一组科学定律，只要完全知道宇宙在某一时刻的状态，我们便能依照这些定律预言宇宙将会发生的任何一个事件。可见，经典物理学是宿命论的。在量子力学中，拉普拉斯确定论已经不再成立，现在占支配地位的是统计确定性。在微观世界里，我们已经无法预言一个微粒的运动(即便说想预言的话，那也只能说是统计学意义上的预言)。按照薛定谔方程和玻恩对波函数 ψ 的概率解释，微观世界的规律存在完全的随机性。例如，没有人能够预见一个放射性原子何时会衰变。量子力学中有测不准关系，而测不准关系是与物质的波粒二象性相联系的。当你观测物质时，不确定性的存在可以说是绝对的。只要你去观察它，它就存在不确定性。当然，如果你不去观测它，在量子力学中，说什么都是没有意义的。量子力学说明了微观世界内在的随机性。可以这样想一下，如果量子力学中没有了完全的随机性，那么体系所有的部分就都具备了决定性，这样就会退回到经典力学了。

经典物理学描述的系统具有决定性，而量子力学描述的体系具有随机性，这也可以从它们的基本运动方程的角度来看。无论是牛顿运动方程还是麦克斯韦方程组等大家熟知的方程，方程中的各种基本变量都是实在的、真实的物理量，方程的解都是物理量随空间和时间的真实演变。但是对于量子力学的基本方程——薛定谔方程来说，方程中最基本的量是态函数 Ψ，而它并非真实的物理量。可以认为，波函数本身并没有直接的物理意义，只

是它的平方$|\Psi|^2$可以解释为找到粒子的概率。有了这个波函数Ψ的概率解释，从一开始占支配地位的便自然是统计决定性了。玻恩说过："粒子运动遵循概率定律，而概率本身按照因果律传播。"玻恩的意思就是说，薛定谔方程是概率按照因果律演变的方程。

现在，来讨论量子力学中的叠加性。严格地讲，叠加性的概念与随机性的概念是有"部分重叠"的。量子力学研究的状态称为"量子态"，而量子态一定是叠加态，也就是说，量子态一定包含了两个或两个以上的本征态的叠加。可以这样想一下，如果量子态中只有一个具有确定本征值的本征态（则每次测量只会得到同一个数值），那么量子态就没有了不确定性，这样的状态就是经典力学研究的状态。这就是量子力学中量子态的叠加性。另外，我们已经在5.2节中仔细讨论了"态叠加原理"。在经典物理学中，当我们讨论波的叠加时，指的都是某种物理实在的叠加；而在量子力学中讨论波的叠加时，都是指波函数的叠加。可见量子力学中态的叠加性与经典物理中若干波的叠加是完全不同的。重要的是，波函数本身并不直接对应着物理实在，而只有它的平方才对应着一种概率。总结一下量子力学的态叠加原理：当粒子处在线性叠加态Ψ时（见5.2节），粒子是既部分地处于第一个态ψ_1（本征态），又部分地处在第二个态ψ_2，……，又部分地处在第n个态ψ_n，只有对系统进行测量之后，才知道得到的值是本征值A_1，还是A_2，……，还是A_n。

可见，态叠加原理是与测量密切联系在一起的一个基本原理。而测量理论还是一块尚未成熟也未取得一致意见的研究领域（会自然而然地联系到波函数的"坍缩"问题）。绕过这一块还没有完全搞清楚的领域，并不会妨碍我们利用现有的量子力学框架实现理论与实验结果的比较。还没有听说过因为未学习测量理论，而无法利用现在的量子力学求解实际的问题。总之，测量理论属于深入一步的探讨，它对量子力学哲学问题的研究当然是值得尊敬的。但是，在很大程度上，它是可以同现阶段的成熟的量子力学区分开来的。

最后，来讨论量子力学中的非定域性（也有人称"非全域性"）。"原则上"，我们对这种非定域性的本质还没有搞清楚。对于大多数人甚至是研究物理的人来说，非定域性可能用到的并不多。当然，从事这方面工作的人正在迅速增加，因为量子纠缠、量子通信、量子密钥和量子计算等在现代社会中变得越来越重要了。

在讨论非定域性之前，先来看一下什么是“定域性”。物体之间是如何实现相互作用的呢？物理学（包括相对论）认为，相互作用的个体之间必须交换某种媒介粒子，这样才能传递相互作用。这是一个简捷（但需要一点点脑力）的逻辑：如果两个个体之间没有任何的物质（粒子）交流，那么凭什么某一个个体能够“感觉”到另外一个个体传来的作用（力）呢？或者说，一个个体必须受到另一个个体发来的粒子的“冲击”，才能感觉到另一个个体传来的作用力。弱力、强力与引力、电磁力有本质的不同，前两者是短程力，后两者是长程力。刚才提到，不同的相互作用是通过传递不同的媒介粒子而实现的。引力相互作用的传递者是引力子；电磁相互作用的传递者是光子；弱相互作用的传递者是规范粒子（光子除外）；强相互作用的传递者是介子。引力子和光子的静质量为零，按照爱因斯坦的理论，引力相互作用和电磁相互作用的传递速度都是光速。力与传递粒子的静质量和能量有关，因而其传递速度是多样的。交换的媒介粒子质量越大，力程越短，强力和弱力所传递的都是有质量的粒子。由于相对论要求任何粒子的运动速度不得超过光速，所以说，相互作用也不可能是瞬时的，或者说相互作用不可能是超距的。这种相互作用不能是超距的说法，就是经典物理学的“定域性”。

在量子力学中，却存在着一种“怪异”的现象，就是有一种跨空间、瞬间影响个体双方的似乎违背了狭义相对论的量子纠缠存在。这种所谓的“超距作用”（只是看起来像是超距作用）就是量子力学的“非定域性”。我们在第 6 章对这种量子纠缠现象已经做了非常仔细的讨论。“非定域性”是量子论的一个数学推论，并且已经获得实验的验证。这种幽灵似的关联作用显得可以藐视时空的限制，似乎无需借助物理力就可以在两个相距遥远的事物之间瞬时地传递“相互作用”（关联）。理论上，在粒子的纠缠态被测量以后，它们仍能处于纠缠态中。量子力学的数学框架是健全的，并能很好地描述所有那些奇异的现象（当然包括了量子纠缠）。但是，量子纠缠是我们人类还不能完全想象的一个由量子力学导出的现象。不过，在量子力学面前，也许也没什么可大惊小怪的吧？由于我们在直觉上理解量子力学还存在一些难度，这是否暗示了有某些更进一步的真理尚未被人们所了解。

最后，学习量子力学时任何人都无法完全摆脱她的哲学问题。由于量子力学的哲学或许相当深奥，所以，如果我们不热心信奉或专注于什么特殊的哲学观点的话，多数人可以采取一种朴素的哲学观，就是一种自发唯物主义的朴素的哲学观。这种哲学观点也被称为“庸俗哲学”，它既不那么精细，也不那么深刻。其实，大部分的物理学家都持有平庸而通俗的哲学观点。值得一提的是，研究量子力学中的哲学和逻辑问题既需要很深的哲学素养，也需要很高的物理造诣。否则，仅凭一知半解就大发议论，其结果既败坏了哲学，也会糟蹋了量子力学（本书所发的议论，主要来自目前主流的说法）。量子力学是认真的、严谨的和实事求是的。而且，量子力学总还在进步着，尽管有时候是艰难和缓慢的。对于量子力学理论体系的逻辑学研究，包括了一整套公理化体系的建立，这已经形成了一门叫作“量子逻辑”的研究领域，它超出了本书的范围。

*7.8 爱因斯坦对量子力学的看法

爱因斯坦是量子力学最著名的质疑者，虽然他自己曾经对量子力学的发展做出过重要的贡献。可以说爱因斯坦是量子力学的先驱，他甚至被誉为“量子论之父”中的一个。在物理奇迹年（爱因斯坦年）的 1905 年，爱因斯坦在当时物理学的几个重要领域都做出了杰出的贡献。这其中就包括对量子理论的发展有重要价值的关于光电效应和固体比热方面的论文。但是从 1905 年起之后的 10 年里，爱因斯坦把主要精力放在了将狭义相对论拓展到广义相对论。显然，爱因斯坦在全新的引力理论上取得了他人不可能取得的成就，但是自然而然地，他对量子理论的贡献就显得比较少。到了 1916 年，当爱因斯坦把精力再次转向量子理论时，量子论已经由玻尔为首的一群青年物理学家所引领。

很大程度上可能受到相对论的影响，出于直觉，爱因斯坦感觉到玻尔-海森伯-玻恩的量子力学是有问题的，并对这个新理论的立论提出强烈的质疑。而对于薛定谔的波动力学，爱因斯坦的感觉则是与他心目中的世界差别不大，但是在一些关键点上还有疑问，这也使得爱因斯坦从未正面肯定过薛定谔的量子力学是正确的。爱因斯坦是一位伟大的科学家，他对量子力学的态度当然是诚实的，他没有一概地反对现有的量子理论。他也承认，已经建立起来的量子力学能够解决经典物理学和旧量子论所不能解决的问题，这意味着新量子力学至少应该是一种正确的"数学"理论。但是，爱因斯坦坚持认为，量子世界与宏观世界不应该有质的不同，人们对宏观世界的认识应该可以延伸到微观领域，量子世界与宏观世界一样应该具有实在性。所以，爱因斯坦反对现行量子力学理论的统计性描述。后来，爱因斯坦主要是质疑波函数 Ψ 的完备性。或者说，他质疑波函数可以完备地描述单独一个物理体系的性质。爱因斯坦主张，波函数 Ψ 只是关于一个系综的描述(也就是说，波函数涉及的是许多个体系，从统计力学的意义来说，就是"系综")。系综解释可以使爱因斯坦既坚持实在论，又承认现有的量子力学理论是能够对微观力学的量子特征方面提供一个统一的解释。

正如7.7节所说的，量子力学最重要的方面是她所揭示的随机性、叠加性和非定域性。爱因斯坦对这里的"随机性和非定域性"都提出了强烈的质疑。爱因斯坦是一个坚定的决定论者，对于量子力学的随机性观点，他有一句著名的话："无论如何，我相信上帝是不掷骰子的"(I, at any rate, am convinced that He (God) does not throw dice.)。但是，大量的实验证明了波函数的概率解释和测不准关系都是正确的，看来爱因斯坦对于随机性的质疑没有得到实验的支持。对于量子力学非定域性的质疑，例如量子纠缠中存在的跨空间、瞬间影响纠缠双方的"相互作用"(或关联)，爱因斯坦有另外一句著名的话："鬼魅的超距作用"(spooky action at a distance)。同样地，越来越大量的实验证明了量子纠缠的确实存在，所以看来爱因斯坦对于量子力学非定域性的质疑也没有得到实验的支持。即便如此，爱因斯坦提出的这些见解对量子力学的形成和完善起到了重要作用。

那么，爱因斯坦的观点真的错了吗？我们多数人或许连发表看法的资格都没有。狄拉克对量子力学有非常重要的贡献，他对量子力学的理解显然比一般人要深刻许多。1975年，狄拉克访问澳大利亚，在新南威尔士大学做了"量子力学的发展"的演讲。狄拉克说："我认为也许结果最终会证明爱因斯坦是正确的，因为不应当认为量子力学的现在形式是最后形式。关于现在的量子力学，存在一些很大的困难。不应当认为它能永远存在下去。我认为很可能在将来的某个时间，我们能得到一个改进的量子力学，使其回到决定论，从而证明爱因斯坦的观点是正确的。"狄拉克这样说自然有他的道理（可能只是我们现在还无法理解其中的道理而已）。如果狄拉克的说法是对的，那么应该如何来改造目前的量子力学呢？因为现在看来，目前的量子力学是完备的。

爱因斯坦在量子理论方面是非常"较真的"，尽管他多数时候的争论没有能够"胜过"玻尔，但是爱因斯坦提出的质疑都是基于他对物理学本质的深刻思考，对量子力学概念体系的发展有非常重要的意义。有大量的书籍介绍爱因斯坦的成就，我们没有必要在这里一一重复。不过，一般的作者都会乐意写几句关于爱因斯坦的"事迹"：爱因斯坦对物理学的贡献非常广泛，主要包括光电效应、布朗运动、固体比热、受激辐射（激光理论）、玻色-爱因斯坦凝聚（图 7.12）、量子纠缠、狭义相对论及大量的应用、广义相对论及大量的推论（引力波、宇宙方程等）。这里的每一个贡献都值得被授予诺贝尔奖，而相对论更是如何授奖都不为过。现在，很多人都喜欢用是否获得诺贝尔奖来看待某一个人对物理学贡献的重要性。如果是这样的话，让爱因斯坦获得十个诺贝尔奖恐怕也不为过。爱因斯坦毕竟是物理学家中的一个"奇点"。

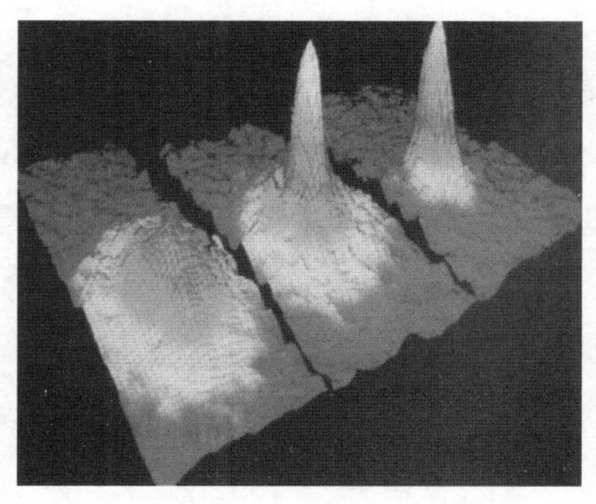

图 7.12　玻色-爱因斯坦凝聚

在物理学界，如果一个科学观点错了，那就是错了(它与实验结果不相符，就是不相符)，哪怕这个论文"发表"在全世界最重要的报纸的头版上，而且几十亿人都没有反驳这个论文里的观点……但是，最后它还会是错的。可见，科学观点与所谓的政治观点是多么的不同！反之，如果一个科学观点是对的，那么无论多少人反对它，最后它还会是对的。一个极好的例子便是爱因斯坦的相对论，曾经被多少人通过政治的手段加以批判，但是相对论还是对的。越是理解了相对论，你就只好越相信它。目前，总还存在一点点粗糙的反对相对论的声音，那是因为不理解相对论的缘故。越是理解相对论的人，就越是不会批判相对论。有一句话说"只有不懂相对论的人才会拼命地反对相对论"，这一句话在哲学以及逻辑上应该都是可以站得住脚的。我们每使用一次手机，就做了一次实验，证明相对论是正确的。我们总不能一边使用手机，一边说相对论是不对的。狭义相对论如果没有爱因斯坦的发现，还会有其他人发现它。但是广义相对论则基本上是爱因斯坦一个人的功劳。

当然，观点不太正确的论文也不是完全毫无意义的，那些对科学理论的发展有推动作用但是不太正确的论文也是极富科学价值的。这种现象在量子力学的发展过程中时有出现。写一篇有创新性但是观点不太正确的论文也是很不容易的。总之，科学论文的根本在于它的创新性和科学性。

思考题

7.1　氢原子的波函数里面为什么有那么多求和号？

7.2　20 世纪初和 21 世纪初物理学的天空上分别有哪"两朵乌云"？

7.3　密度泛函理论的重要性是什么？它与薛定谔的量子力学理论的重要不同点是哪些？

7.4　物理学家们正在梦想一个怎样的终极理论？

7.5　我们在扔骰子时，骰子的哪一面会出现在桌面上是完全随机的吗？

思考题参考答案

第1章　引论

1.1　牛顿力学与量子力学适用的范围分别是什么？

【答】日常生活中人们熟悉的宏观低速世界可以非常好地使用牛顿力学；而对微观世界的物理现象的描述则需要量子力学。当然量子力学也适用于宏观物体的运动，但这是完全没有必要的。造桥、挖隧道、建房子以及宏观的日常行为都完全是牛顿力学适用的范畴。反过来，在绝大多数的微观领域里牛顿力学是不适用的（在很少的微观领域里是近似可用的，例如经典分子动力学方法）。

1.2　确定性是经典力学的本质，如何理解经典力学中的拉普拉斯确定性？

【答】拉普拉斯确定性在经典力学中是很重要的概念，即如果知道了宇宙中每个客体的位置和运动，就能预测宇宙中每一客体在将来任何时刻的位置和运动，也能追溯宇宙过去的每一个状态。从拉普拉斯确定性得到的结论是：这个世界是确定的，万事万物普遍存在着因果关系，这也意味着未来是确定的。这个决定性否定了偶然性，把必然性当作宇宙的真理。如果某个智者拥有无限的计算能力，那么他就可以计算出整个宇宙的过去和将来，后人把这个"智者"称为"拉普拉斯妖"。量子力学出现后，我们知道拉普拉斯妖是不存在的。

1.3　牛顿力学与量子力学在本质上的不同点是什么？

【答】牛顿看到的是自然界中物理世界的连续性和确定性；而量子力学

看到的则是自然界本质上的不连续性(即所谓的量子化)和不确定性。现在看来,自然界的本质似乎是量子化的,参见思考题1.3图。

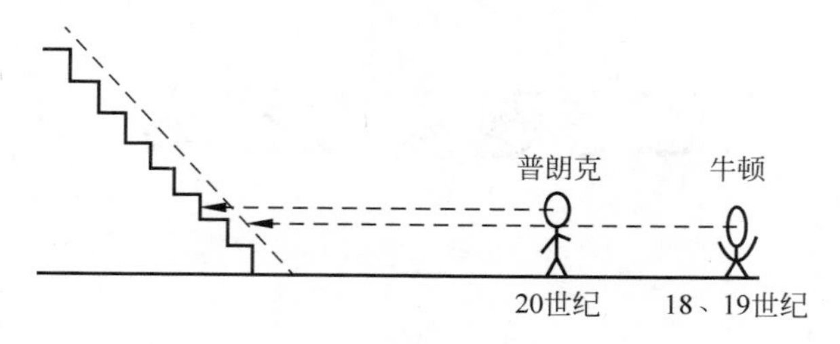

思考题1.3图

总结来说,牛顿看到的是图中连续的斜坡(即自然界的连续性),而普朗克看到的则是图中的台阶(即自然界的量子特性)。显然,牛顿看到的是一个近似的结论(因为站得离台阶太远了)。

1.4 社会科学和自然科学对于正确性的判据有什么不同?

【答】社会科学中对于某个观点的正确性的判断经常会有很大的争议(即往往没有明确的判据),这是由很多社会科学本身的特点决定的。而在自然科学中,一般来说,一个观点正确与否是可以有明确的"判据"的。如果由某个观点作为出发点,所推导出的各种现象的数值结果与实验结果完全相符(在实验误差范围内一致),那么这样的观点就被认为是正确的(哪怕有时候只是暂时正确的)。

1.5 为什么对量子力学的建立起主要作用的会是一群年轻人?

【答】量子力学主要是由一帮非常年轻的人创立的,他们取得突破性贡献的年龄是:海森伯24岁,狄拉克23岁,泡利25岁,薛定谔36岁,约尔当23岁,乌伦贝克25岁,古兹密特23岁。这是因为年轻人的思想没有包袱,容易做出大的思想突破。将来必会类似,年轻人具有开拓性的精神,真正的科学突破应该靠年轻人。有一个说法是:学生学习量子力学比他们的老师会更容易一些(Dyson之语)。

第2章 经典物理学的困境

2.1 有人说,力是物体运动的原因。或者说,物体的运动是因为在其运动方向上被施加了力的缘故。这些说法对吗?

【答】这些说法都不对。正确的说法应该是：力是物体运动发生改变的原因。因为牛顿第二定律告诉我们 $F=ma$，所以力是引起加速度的原因。例子：设想在北极冰面上，有一个可以滑动很长距离的物体(假设冰面的摩擦力近似为零)，这种情况下，物体虽然在运动但是并没有受到净力的作用，即没有在物体运动的方向上(滑动的方向上)受了外力。所以，力不是物体运动的原因。

2.2 汽车在路面上的行驶，加速和刹车靠的是什么力？

【答】靠的都是车轮和地面间的摩擦力。假设有一个"绝对"光滑的冰面，那么汽车与冰面之间就没有摩擦力了，这样汽车就无法在这样的冰面上加速或减速。至于汽车是否在行驶，取决于汽车的初始状态。

2.3 "作用力和反作用力大小相等，方向相反"(牛顿第三定律)正确吗？

【答】这个说法存在问题。按照现代物理的观点，力的传递速度是有限的，不能大于光速。所以，一个粒子对其他粒子的作用(例如，相距一定距离的两个正负电荷间的相互作用)要经过一定的时间才能到达。而在这段时间内，粒子间的距离以及作用力的大小和方向可能都已经发生了变化。这样，"作用力和反作用力大小相等，方向相反"就不再成立。

2.4 在卢瑟福和玻尔的有核原子模型中，经典物理学遇到了怎样的困难？

【答】在卢瑟福和玻尔的有核原子模型中，带负电的电子沿着特定的轨道绕着原子核运行。而经典的麦克斯韦理论(经典电磁理论)预言，加速运动的电荷(如电子。还要注意，电子的圆周运动是一种加速运动)势必会无可避免地辐射出能量，导致电子不断失去能量而无法保持其轨道运动，最终电子便会撞到原子核上，从而使得原子无法稳定地存在。也就是说，经典理论在这里遇到了困难。

2.5 为什么电磁波可以传得很远？即便在没有介质的空间中(如通常的真空中)，为什么电磁波也可以传播？

【答】电磁波就是电磁场。变化的电场可以产生磁场，而变化的磁场可以产生电场，这样交替着电磁波就得以产生并且可以传得很远。而且即便在没有介质的通常的真空中，电磁波也是可以传播的（并不需要传播的介质）。

第3章 旧量子论时期

3.1 普朗克如何在黑体辐射问题中提出了革命性的“量子”假设？“量子”又是什么意思？

【答】普朗克清楚，如果从玻尔兹曼运动粒子的角度来推导黑体辐射定律，那会得到维恩公式；如果从麦克斯韦电磁辐射的角度来推导辐射定律，就会得到瑞利-金斯公式。那么，到底要从粒子的角度还是波的角度来推导呢？在经历了种种尝试和失败之后，普朗克做出了一个革命性的（有重大历史意义的）“量子”假设，从而推导出了正确的黑体辐射公式。所谓“量子”，指的是能量的吸收或发射是不连续的，而是“一份一份”进行的。量子的大小由普朗克常量来描述，即 $E=h\nu$，h 即普朗克常量，ν 是辐射或吸收的频率。量子是能量的最小单位。普朗克提出的“量子”假设是人类认识自然界的一个重要突破，让理论和实验可以相互印证，推动了人类对自然界更深层次的认识。

3.2 光的波动性和粒子性分别有哪些实验和理论支持？

【答】能够产生干涉和衍射现象的东西被称为具有波动性。干涉就是两个波重叠时组成新的合成波的现象，而衍射是指能够绕过障碍物而偏离直线传播路径进入阴影区域的现象。杨氏双缝干涉实验很好地证明了光的波动性，将光看成电磁波也已经被大家所普遍接受（即可以使用麦克斯韦的电磁理论来描述）。另外，光电效应的出现明确证明了光的粒子性。如果将光看成电磁波，将无法解释光电效应，而如果将光视为光量子，则可以非常完美地解释光电效应。此外，康普顿效应也令人信服地表明，只有在光是粒子的基础上才能很好地解释康普顿效应（即归结为光子与电子的碰撞）。

3.3 杨氏双缝干涉实验可能是理解量子力学时会遇到的第一个“挫折”，如何理解单电子的双缝干涉实验？

【答】单电子的双缝干涉实验很好地说明了电子的波动-粒子二象性。即便是每次只发射一个电子，当两个缝都打开时，依然可以观察到电子的干涉图样。这说明电子是自己与自己的干涉。如果每次只打开一个缝，这样两个缝依次打开的结果之和是看不到干涉效应的。如果在某个缝上设法观察电子是否通过该缝，最后也不会有干涉图样（因为观察就意味着进行了测量）。实际上，在玻恩提出波函数的统计解释之后，物质粒子的波粒二象性就被统一到概率波的概念上。干涉效应实际上是概率波的干涉。在薛定谔方程建立之后，上述物理现象是很容易理解的。根据薛定谔方程：

$$\left(-\frac{\hbar^2}{2m}\nabla^2+\hat{V}\right)\psi=E\psi$$

两个缝都打开或一次打开一个缝……所对应的势能算符项 $\hat{V}$ 都是不同的，最后自然会导致不同的实验结果。

3.4　如何理解实物粒子的波粒二象性，即它有时像波，有时又像粒子？

【答】实物粒子的波粒二象性，通俗地说，就是它具有既像波又像粒子的性质。波动性质表现为干涉、衍射等；而粒子性质则表现为它们具有位置、质量和动量等物理量。波粒二象性对于我们的直观想象来说是相当困难的，因为粒子性和波动性真是两个很不容易想象在一起的图像。既然物质粒子具有波动性，那么人们自然就应该去探寻粒子的波动规律，这就是 1926 年薛定谔建立的所谓波动力学（即波动形式的量子力学）。当量子力学的波动力学形式建立之后，波粒二象性的概念差不多便可以完成其历史使命了（尽管这个概念在薛定谔方程的建立中起过重要的作用）。波粒二象性这个概念已经被薛定谔的波函数所取代了。其实，波动性与粒子性并不矛盾，它们是对实物粒子的不同角度的描述。

3.5　爱因斯坦-德布罗意公式是如何深刻而明晰地揭示了物质的粒子和波动的两重性？

【答】爱因斯坦-德布罗意公式为

$$E=h\nu,\quad p=h/\lambda$$

这里 E 和 p 分别是粒子的能量和动量，它们体现的是物体粒子性方面的物理量；ν 和 λ 是物质波的频率和波长，它们体现的是物体波动性方面的物理量，h 是普朗克常量。从公式中很容易看到，两个方程式的左边都是体现粒子性的物理量（能量、动量），而式子的右边都是体现波动性的物理量（频率、波长)。而且,通过普朗克常量可以将左边和右边相等起来,即物质的波动性和粒子性靠普朗克常量联系了起来。所以,这些公式很清楚地给出了物质粒子的波粒二象性。

第4章 量子力学的创立

4.1 牛顿力学和量子力学对“自由粒子”的描述有何不同?

【答】牛顿第一定律对“自由粒子”(或静力为零的粒子)的描述是:“要么停着不动,要么作匀速直线运动”;而量子力学对自由粒子状态的描述是:“在空间中的任意一点找到该粒子的概率是一样的”。既然是自由粒子,凭什么要停在空间的某一点(停住不是反而显得不那么自由了吗),又凭什么要沿着某个特定的方向作匀速运动(沿某一方向运动又显得有点被迫了,即不那么自由了)。既然是自由粒子,那它确实完全有理由出现在任何地方。所以,量子力学的描述显得更加合理一些。

4.2 什么是本征方程?什么是本征值?什么是本征函数?

【答】所谓的本征值问题是:如果算符 $\hat{F}$ 作用在一个函数 ψ 上,其结果等于该函数乘上一个常数 λ,即 $\hat{F}\psi=\lambda\psi$。那么,该方程就称为算符 $\hat{F}$ 的本征值方程,其中 λ 为算符 $\hat{F}$ 的本征值,ψ 为属于本征值 λ 的本征函数。本征值是算符 $\hat{F}$ 的实验测量值。量子力学说,“每次测量一个力学量所得的结果,只可能是这个力学量所对应的算符的所有本征值中的一个”(而且出现哪一个本征值是随机的)。

4.3 为什么称薛定谔方程中的 ψ 为波函数?

【答】由于薛定谔方程在形式上同经典物理学的波动方程很相像,所以 ψ 被称为波函数,这一名称一直被沿用。有时 ψ 也叫作态函数,它本身不是一个力学量!波函数是多维位形空间中的概率波,例如双粒子体系的波函数要写成 $\psi(\boldsymbol{r}_1,\boldsymbol{r}_2,t)$ 或 $\psi(x_1,y_1,z_1,x_2,y_2,z_2,t)$。所以,波函数并不是实在的物理量在三维空间中的波动。

4.4 波函数是量子力学中最重要的概念,波函数的意义是什么?它有哪两个不确定性?

【答】波函数被认为是量子力学中处于中心地位的概念。玻恩给出了它的概率解释：即波函数 ψ 的平方(模方)是找到粒子的概率。有一些细节：①ψ 一定是复数，就是一种波；②ψ 不是一种物理波动(不是实在的物理量)，但它能够给出各种实在物理量的取值和变化规则；③当体系的初态 $\psi(\boldsymbol{r},0)$ 给定之后，以后任一时刻的状态 $\psi(\boldsymbol{r},t)$ 就可以由薛定谔方程完全确定下来了。在玻恩提出概率解释之后，从量子力学方程获得的结果就与经验事实实现了可靠的一一对应。

由于波函数的概率解释，使波函数本身存在两个不确定性：①有一个常数因子的不定性。也即 $\psi(\boldsymbol{r})$ 与 $C\psi(\boldsymbol{r})$(C 为常数)所描述的相对概率分布是一样的；②还有一个相角的不定性。这是因为即便波函数是归一的，仍然有一个模为 1 的因子的不定性，即 $e^{i\alpha}$ 乘上 $\psi(\boldsymbol{r})$，与 $\psi(\boldsymbol{r})$ 描述了同一个概率波。

4.5　如何理解波函数的叠加与经典波的叠加之间的深刻差别？

【答】量子力学中的波函数本身并不直接对应着物理实在，只有它的平方(模方)才对应着一种发现粒子的概率。可见量子力学中态的叠加性与经典物理中某种波的叠加是完全不同的。经典波的叠加是某种物理实在的叠加，而波函数的叠加并不直接对应着物理实在，只有波函数的平方才是重要的：

$$|\Psi|^2=(c_1\psi_1+c_2\psi_2)^2=|c_1\psi_1|^2+|c_2\psi_2|^2+\text{干涉项}$$

量子力学中这种态的叠加，会导致在叠加态下观测结果的不确定性(量子世界的奇妙性就来自上面公式中的干涉项)。

4.6　什么是玻色子？什么是费米子？对它们波函数的对称性有什么要求？

【答】玻色子是指自旋为整数的粒子，它们遵从玻色-爱因斯坦统计，但不遵守泡利不相容原理。费米子是指自旋为半整数的粒子，它们遵从费米-狄拉克统计，也遵守泡利不相容原理。量子力学表明，按照这些粒子的本性(玻色子或费米子)，全同玻色子总是用对称波函数描写，即任意交换两个玻色子，体系的波函数不变；费米子体系总是用反对称波函数描写，即任意交换两个费米子，体系波函数要加上一个负号。

4.7　量子力学几种表述的等价性如何？费曼的路径积分表述有哪些优点？

【答】海森伯的矩阵力学、薛定谔的波动力学和费曼的路径积分形式都是逻辑上完备的量子力学体系，三者早被证明都是等价的，不过只是数学形式上的不同而已。用专业的术语说，矩阵力学是量子力学的一种代数形式，波动力学是量子力学的一种微分方程形式，路径积分形式是量子体系的一种整体性的描述。路径积分理论有一些重要的优点，例如：①易于从非相对论形式推广到相对论形式。所以，路径积分方法对于场量子化有着特殊的优越性，所以在量子场论中有非常重要的应用。②可以把含时问题和不含时问题纳于同一个理论框架中来处理。简单说，路径积分的优点是易于计算。路径积分的计算方法比薛定谔方程等传统方法更为简便；路径积分方法不仅可以处理粒子在特定势场中的运动，还可以将其应用于复杂的相互作用实验系统中。

第5章　更多的量子力学原理

5.1　如果仪器的精度越来越高，就可以越来越准确地测量某些物理量吗？

【答】测不准关系"规定"了一个原则：即不能同时精确地测量一个粒子的一对共轭量。哪怕仪器的精度越来越高，也不能准确地测量粒子的一对共轭量(请参考思考题5.2)。这是量子力学特有的对微观粒子"运动"的本质的要求，它没有经典物理的对应物。共轭量有如位置和动量、能量和时间、角动量和位相等。

5.2　如何通过约束的概念来理解测不准关系中的一对共轭量：位置和动量？

【答】测不准关系告诉我们，不能同时精确地测量一个粒子的位置和动量。当一个粒子完全自由时，由于它可以处在空间中的任意位置，所以其位置的不确定度为无穷大。但是此时粒子的动量具有完全确定的值，其不确定度为零。假设对这个自由粒子施加一点约束，那么粒子出现在有约束的地方的概率就会大一些，这就导致其位置不确定度变小了一些，同时动量出现了一些不确定性。当所加的约束非常强时，粒子就可能被限制在一个非常小的区域内，这时位置的不确定度就变得很小，但是这时粒子动量的不确定度就会变得很大。

5.3　测不准关系虽然只是一个不等式，但是仍然可以用来做一些很有意义的估算。

【答】例如：可以用来判断电子是否存在于原子核中。原子核的半径小于 10^{-12} cm，则 $\Delta x \leqslant 10^{-12}$ cm。按照测不准关系 $\Delta p \sim \hbar/\Delta x \sim 10^{-15}$ g · cm/s，且 $p \sim \Delta p$。由此可以估算出电子的能量 $E=\sqrt{p^2c^2+m^2c^4} \sim 20$MeV，这比电子的真实能量 $mc^2 \sim 0.51$MeV 高出几十倍。所以电子不能待在原子核中。这个结论可以做一个简单的理解，即按照电子所具备的能量，其德布罗意波长将远远大于原子核的尺度，所以其波函数也远远无法集中在原子核的范围内，这样电子是不可能存在于原子核中的。

5.4　如果没有了泡利不相容原理，那么这个世界会是怎样的？

【答】泡利不相容原理是我们认识许多自然现象的基础。正是由于有了泡利不相容原理，原子内部的被束缚电子才不会全部掉入最低能量的原子轨道上，它们必须按照顺序占满能量越来越高的原子轨道。因此，原子才会拥有一定的大小，物质才会拥有一定的体积（否则，我们这个世界就“垮塌”了）。另外，如果没有泡利不相容原理，我们将无法解释化学中原子的电子排布，将无法有效地理解元素的周期性或元素的性质。泡利不相容原理是我们理解元素周期表的基础。

5.5　如何理解量子隧道效应？

【答】经典力学认为，如果粒子的能量小于势垒的高度，那么粒子将全部被反弹回去。这是因为经典力学认为粒子就是粒子，不具有波动性。而量子隧穿效应违背了我们的这个日常经验，原因是微观粒子具有波动性，而且这个波动性由薛定谔的波函数来描写。从薛定谔方程的解来看，显然波函数在势垒的另一边（所谓“穿透”后的那面）也是有值的（即不可能为零），所以粒子有一定的概率处于势垒的“另一边”，这样看起来粒子就有了隧穿效应。量子隧道效应在很多应用领域都有广泛的应用，例如扫描隧道显微镜、热核聚变等。特别是在纳米技术领域，利用量子隧道现象进行数据读取和存储、隧穿导电材料等方面的研究，展示了它巨大的应用前景。

5.6 “薛定谔的猫”的实验中最关键的点是什么？

【答】在“薛定谔的猫”的理想实验中，会出现猫的“死活参半”的叠加态(其实就是量子态)。出现这个“怪异现象”请见书中的根本原因是光子打中细绳的概率是1/2(完全随机的)。如果没有了这个1/2随机性，那样整个实验中所有的步骤都是确定性的，这就对应了经典物理的确定性，也就不会出现任何不确定的“量子态”。所以，光子打中细绳的概率为1/2是整个实验中最关键的点。正是这个随机性才导致了“死活参半”的量子态的出现。实际上，随机性可以通过放射性原子衰变过程的随机性来实现。该实验启发了许多对于量子物理与哲学的探讨和研究。

第6章 非定域性和量子纠缠

6.1 如何理解量子纠缠与一般意义下的“经典纠缠”(书中例子)的区别？

【答】“经典纠缠”(书中)的例子其实并没有物理上的所谓纠缠存在，两只手套的“纠缠”关系只是被称为“经典纠缠”而已。因为两只手套的状态从一开始就确定了，这种确定性正是经典物理中的确定性。而“量子纠缠”中的粒子在被观测之前的状态是不确定的，即处于叠加态或量子态。当随机观察粒子1的状态时，会使粒子1跃迁到某个确定的本征态上，那么另一个与之纠缠的粒子2的状态会同时(瞬时地)作出相应的变化，这就是量子纠缠。在量子纠缠中，无法单独地描述某个粒子的性质。

6.2 量子通信的出现，是否意味着信息被传递的速度可以突破光速？

【答】量子通信是一种利用量子纠缠效应和量子叠加态来进行信息传递的新型通信形式。量子隐形传态是量子通信的基本过程(是量子通信中最简单的一种)。可以看到，量子隐形传态并不能完全脱离经典的行为，它需要借助经典的信息传递通道再结合EPR量子通道来传递量子信息。而经典通道的存在，意味着信息被传递的速度上限是光速这一限制并没有被打破！

6.3　量子计算机与传统计算机之间的主要差别是什么?

【答】量子计算机是一类遵循量子力学规律的进行高速逻辑运算、存储以及处理量子信息的物理装置。量子计算机与传统计算机的主要差别有:①传统计算机存储单元只有两个状态,要么是真,要么是假(经典确定性),而量子计算机的两个存储状态既可以是真,也可以是假。这就是量子比特,它不仅可以代表 0 和 1 这两种状态,而且还可以处于这两种状态的线性组合态之一。这意味着在计算过程中,量子计算机有很大的并行处理能力。②量子计算机上的计算可以通过量子态的操作和量子比特之间的量子纠缠来实现,这些操作在传统计算机上并不可行。③计算速度可以有很大的不同。④在加密传输上,量子计算机更好。总之,量子计算机仍然处于发展阶段,还需要进一步解决量子纠缠、量子误差纠正等才能实现真正高效的量子计算。

6.4　量子力学中,贝尔不等式的重要意义是什么?

【答】量子力学中,贝尔不等式是一个判断是否存在"完备局域隐变量理论"的不等式。在经典物理学中,贝尔不等式成立;而在量子力学中,贝尔不等式不成立。已有大量的实验对贝尔不等式进行了测试,而结果表明贝尔不等式确实是不成立的,由此证明了量子力学的非定域性。贝尔不等式的重要意义是提供了用实验在量子不确定性和爱因斯坦的定域实在性之间做出判决的机会。贝尔定理被誉为"科学的最深远的发现"之一。这个发现对量子通信与实现量子计算等领域都有重大的影响,同时也促进了我们更好地理解和应用量子力学。

6.5　量子纠缠态的数学形式是什么?

【答】以两个粒子的体系为例。如果双粒子的整体波函数无法写成两个粒子波函数的直积,即

$$\psi(x_1,x_2)\neq\phi(x_1)\phi(x_2)$$

那么,无论两个粒子相距多远,对其中一个粒子的测量将无法独立于另一个粒子的参数,这就是量子纠缠态。

第7章 高等一点的量子力学

7.1 氢原子的波函数里面为什么有那么多求和号?

【答】这是为了把体系所有的本征态都线性组合起来。因为根据量子力学的原理:“每次测量一个力学量所得的结果,只可能是这个力学量所对应的算符的所有本征值中的一个。”这实际上意味着,体系的真正波函数 Ψ 应该是体系所有的本征态($\psi_1,\psi_2,\cdots,\psi_n,\cdots$)的线性组合。只有这样才可以保证所有的本征值在测量时都有可能出现(按照确定的概率出现)。

7.2 20世纪初和21世纪初物理学的天空上分别有哪“两朵乌云”?

【答】20世纪初,物理学上空两朵著名的乌云分别指的是在“以太”和“黑体辐射”研究上遇到的困境。第一朵乌云就是指迈克耳孙-莫雷实验,它直接预示了“以太”这个经典时空观是完全可以被抛弃的。由此最终导致了狭义相对论的诞生。第二朵乌云指的是黑体辐射问题,“量子”概念就诞生在普朗克试图解决黑体辐射的理论困难之时。21世纪初,物理学上空也有两朵著名的“乌云”,分别是暗物质和暗能量。为了使宇宙维持现在的秩序,只能认为还有其他的物质,这就是暗物质,因为星球自身已知的引力还远远不够维持一个个完整的星系。另外,为了理解宇宙正在加速膨胀,就需要暗能量。

7.3 密度泛函理论的重要性是什么?它与薛定谔的量子力学理论的重要不同点是哪些?

【答】完全从量子力学的基本方程出发,遇到的复杂数学问题可能远远超出目前人类的数学能力。但是,容忍一定的近似,便可能发展出一套有效的求解方法,密度泛函理论就是一个很好的例子。这也是为什么密度泛函理论能够获得诺贝尔奖的原因。密度泛函理论已经发展成为计算物理、计算化学、计算材料学甚至是计算生物学的一个非常重要的基础方法。它与薛定谔的量子力学理论的重要不同点是:①体系的基本量变了。量子力学中的基本量是波函数,而密度泛函理论的基本量是密度。②求解的基本方程变了。量子力学求解薛定谔方程,而密度泛函理论则求解科恩-沈吕九方程。③求力学量平均值的方式变了。量子力学中,要计算力学量相应的算符与波函数间的一个积分，在密度泛函理论中，必须“找到”该力学量与电子密度之间的函数关系(严格的公式是泛函)。

7.4 物理学家们正在梦想一个怎样的终极理论?

【答】自然界中的基本相互作用可以分为库仑相互作用、弱相互作用、强相互作用和引力相互作用。统一所有的四种相互作用力就是物理学家正在梦想的一个终极理论。1967年和1968年，美国的温伯格和巴基斯坦的萨拉姆提出了统一电磁力和弱力的“弱电统一理论”。如果再加上强相互作用力，就是物理学家正在探索的所谓的“大统一理论”，即包括了电磁力、弱力和强相互作用力的统一理论。如果再加上引力相互作用，就是物理学家正在追求的把四种相互作用力全部都统一起来的所谓“超统一理论”。弦论是现在最有希望的将自然界的基本粒子和四种相互作用力都统一起来的理论，尽管弦论还远远没有“成熟”。

7.5 我们在扔骰子时，骰子的哪一面会出现在桌面上是完全随机的吗?

【答】不是随机的。因为扔骰子的过程中并没有呈现出任何的量子效应。到底骰子的哪一面会呈现在桌面上，是骰子从一脱手的时刻开始就被决定了的。也就是说，手如何作用于骰子上(力的大小、方向、作用点)以及骰子在运动过程中的空气阻力的情况最终决定了骰子的哪一面会呈现在桌面上。

人名的中英文对照

C. D. 安德森	C. D. Anderson
P. W. 安德森	P. W. Anderson
J. J. 汤姆孙	Joseph John Thomson
G. P. 汤姆孙	G. P. Thomson

A

阿波罗	G. Apollo
阿德曼	Leonard Adleman
阿哈罗诺夫	Yakir Aharonov
阿斯派克特	Alain Aspect
埃伦费斯特	Paul Ehrenfest
艾弗雷特三世	Hugh Everett Ⅲ
爱因斯坦	A. Einstein
奥本海默	J. Robert Oppenheimer

B

巴耳末	Johann J. Balmer
贝尔	John Stewart Bell
贝可勒尔	Antoine Herni Bacquerel
贝内特	C. H. Bennett
波多尔斯基	Boris Podolsky
玻恩	M. Born
玻尔	N. Bohr
玻尔兹曼	Ludwig Boltzmann
玻色	S. N. Bose
玻姆	David Bohm
布拉萨尔	Gilles Brassard

D

达尔文	Charles Darwin(进化论创立者达尔文之孙)
戴维孙	C. J. Davisson
德拜	P. Debye
德布罗意	Louis V. De Broglie
狄拉克	P. A. M. Dirac
多伊奇	David Deutsch

F

费曼	Richard Feynman
费米	Enrico Fermi
冯·诺依曼	John von Neumann
弗兰克	J. Franck
福勒	Ralph Fowler

G

伽利略	Galileo Galilei
盖革	H. Geiger
革末	L. H. Germer
格拉赫	W. Gerlach
格拉肖	Sheldon Glashow
戈登	Walter Gorden
格林	Michael Green
格鲁弗	Lov Grover
古兹密特	S. A. Goudsmit

H

哈伯德	J. Hubbard
哈密顿	William Rowan Hamilton
海姆	Andre Geim
海森伯	W. Heisenberg
汉森	Hans Maruis Hansen
赫兹	G. L. Hertz
怀尔斯	Andrew Wiles
惠勒	John A. Wheeler
霍尔	John Lewis Hall

J

基尔霍夫	G. R. Kirchhoff
金斯	James H. Jeans

居里夫人	Marie Curie

K

卡文迪什	W. Cavendish
克莱恩	Christian F. Klein
开尔文男爵	Lord Kelvin(本名 William Thomson)
康普顿	A. H. Compton
科恩	Walter Kohn
克莱默斯	Hendrik A. Kramers
克劳瑟	J. F. Clauser
克勒尼希	R. Kronig

L

拉普拉斯	Pierre Simon de Laplace
莱曼	T. Lyman
兰利	S. P. Langley
兰姆	Willis Eugene Lamb
朗道	Lev Landau
朗德	A. Lande
朗之万	Paul Langevin
李维斯特	Ron Rivest
李政道	T. D. Lee
卢瑟福	Ernest Rutherford
鲁本斯	Heinrich Rubens
陆末	Otto Richard Lummer
路丁格	J. M. Luttinger
伦琴	Wilhelm Konrad Rontgen
罗森	Nathan Rosen
洛伦兹	Hendrik Antoon Lorentz

M

马斯登	E. Marsden
马杰诺	Margenau
迈克耳孙	Albert Abraham Michelson
麦克斯韦	James Clerk Maxwell
梅利	Pier Giorgio Merli
米尔斯	Robert Mills
密立根	R. A. Milliken
莫雷	Edward W. Morley
莫特	N. F. Mott

墨明	David Mermin

N

能斯特	Walther Nernst
尼尔森	H. B. Nielsen
牛顿	Isaac Newton
诺特	A. E. Noether
诺沃肖洛夫	Konstantin Novoselov

O

欧拉	Leonhard Euler

P

派斯	Abraham Pais
帕邢	Friedrich Pashen
泡利	W. Pauli
彭罗斯	Roger Penrose
普朗克	Max Karl Ernst Ludwig Planck
普林舍姆	Ernst Pringsheim

R

瑞利	J. W. S. Rayleigh

S

萨拉姆	Aldus Salam
萨莫尔	Adi Shamir
萨斯坎德	Leonard Susskind
塞林格	Anton Zeilinger
塞曼	Pieter Zeeman
施特恩	Otto Stern
施瓦茨	John Schwartz
施温格	Julian S. Schwinger
斯塔克	J. Stark
斯特藩	J. Stefan
索迪	F. Soddy
索尔维	Ernest Solvay
索末菲	Arnold Sommerfeld

T

泰勒	J. Taylor

图灵	Alan Turin
W	
外尔	H. Weyl
威尼齐亚诺	Gabriele Veneziano
威腾	Edward Witten
韦斯科普夫	Victor F. Weisskoft
维恩	W. Wien
维格纳	Eugene Wigner
温伯格	Steven Weinberg
乌伦贝克	G. E. Uhlenbeck
X	
肖尔	Peter Shor
小汤姆孙	George Paget Thomson
谢尔克	Joel Scherk
薛定谔	Erwin Schrodinger
Y	
杨	Thomas Young
杨振宁	C. N. Yang
伊辛	Ernst Ising
约恩松	Claus Jönsson
约瑟夫森	Brian D. Josephson
约尔当	Pascual Jordan

参考书目

[1] 曾谨言. 量子力学：卷Ⅰ，卷Ⅱ[M]. 2版. 北京：科学出版社，1997.

[2] 关洪. 量子力学的基本概念[M]. 北京：高等教育出版社，1990.

[3] 金尚年. 量子力学的物理基础和哲学背景[M]. 上海：复旦大学出版社，2007.

[4] 徐来自，张雪峰. 量子论[M]. 北京：科学出版社，2012.

[5] 瑞德尼克. 量子力学史话[M]. 黄宏荃，彭灏，译. 北京：科学出版社，1979.

[6] 梅拉，雷琴堡. 量子力学的历史发展[M]. 戈革，译. 北京：科学出版社，1990.

[7] 曹天元. 上帝掷骰子吗：量子物理史话[M]. 北京：北京联合出版公司，2013.

[8] 福特. 量子世界：写给所有人的量子物理[M]. 王菲，译. 北京：外语教学与研究出版社，2008.

[9] 佐藤胜彦. 有趣的让人睡不着的量子论[M]. 孙羽，译. 北京：人民邮电出版社，2016.

[10] 高山. 量子[M]. 北京：清华大学出版社，2003.

[11] 韦斯科普夫. 二十世纪物理学[M]. 北京：科学出版社，1979.

[12] 上海物理学会. 诺贝尔奖金获得者讲演集：70年代物理学[M]. 北京：知识出版社，1986.

[13] 郭光灿，高山. 爱因斯坦的幽灵：量子纠缠之谜[M]. 北京：北京理工大学出版社，2009.

[14] 艾克塞尔. 纠缠态：物理世界第一谜[M]. 庄星来，译. 上海：上海科学技术文献出版社，2008.

[15] 彭世坤. 神奇的量子和量子通信[M]. 成都：四川科学技术出版社，2014.

[16] 李淼. 超弦史话[M]. 北京：北京大学出版社，2005.

[17] 赵鑫珊. 普朗克之魂：感觉世界[M]. 上海：文汇出版社，1999.

[18] 方在庆. 一个真实的爱因斯坦[M]. 北京：北京大学出版社，2006.

[19] 穆尔. 薛定谔传[M]. 班立勤，译. 北京：中国对外翻译出版公司，2001.

[20] 费曼. 别闹了，费曼先生[M]. 吴程远，译. 台北：天下文化出版公司，1997.

附录A

量子力学发展简史

简单回顾一下量子力学的发展历史是有帮助的，这方面的书籍很多。已经有一套非常详尽地叙述量子力学发展史的著作，读者如果感兴趣，可以阅读这些经典的著述。在这里，我们希望只花几页的篇幅，概要地回顾一下量子力学发展过程中的主要节点。下面给出的时间节点以及相关资料，主要来自参考书目[3]。

A.1 量子论创立之前经典物理学在热辐射现象上的进展

旧量子论的诞生，很大程度上是由于热辐射（黑体辐射）的现象在经典物理学中无法得到很好的解释，人们在努力理解黑体辐射能量分布的过程中，于1900年由普朗克公式的提出而获得突破，终于导致了量子论的诞生。

1860年，基尔霍夫引进了“辐射本领”“吸收本领”和“黑体”的概念，证明了一切物体的辐射本领和吸收本领之比与同一温度的黑体辐射的辐射本领和吸收本领之比相等，而且只是温度和波长的函数。

1879年，斯特藩发现了黑体辐射的总能量与绝对温度的四次方成正比这一经验定律。

1884年，玻尔兹曼从理论上导出了斯特藩定律，从而被称为斯特藩-玻尔兹曼定律：$W=\sigma T^4$。

1871年，兰利在测定热辐射的实验技术上有了重大突破，这为以后的精确测定辐射能量分布曲线奠定了基础。

1893年，维恩发表了黑体辐射的维恩位移定律。1896年，维恩又发表了适用于短波范围的黑体辐射的能量分布公式。维恩于1911年因为“黑体辐射方面的发现”而获得诺贝尔物理学奖。

1899年，陆末和普林斯海姆做了空腔辐射实验，精确地测得了黑体辐射的能量分布曲线。

1899年5月，普朗克在普鲁士科学院的一次会议上，给出了一个黑体辐射能量分布的理论公式。

1900年4月27日，开尔文勋爵在英国的一次科学家集会上做了关于“热和光的动力学理论上空的19世纪的云”的演讲。他认为，物理学大厦的主要框架都已经建成，留给今后物理学家的任务只是修饰和完善这座大厦。但是，在物理学的一片晴朗的天空的边际，还有几朵小小的让人不安的乌云，其中主要的有黑体辐射、以太问题和固体比热等。历史上，恰恰就是这些“不起眼”的小乌云，最终导致了20世纪最伟大的科学理论——相对论和量子力学的诞生。

1900年6月，瑞利发表了只在长波范围内适用的黑体辐射公式：$\rho \sim \nu^2 T$，但是还没有给出公式中的比例系数。

A.2 旧量子论的诞生和发展

1900年10月19日，普朗克在德国物理学会的会议上报告了一个根据实验数据“猜测”出来的黑体辐射公式。当天，鲁本斯就证实，普朗克的公式与实验数据完全符合。普朗克公式对所有的波长和所有的温度都适用的证据在以后的几年中多次得到证实。有了这个公式，黑体辐射的能量分布的正确定律可以说已经被给出了。然而，普朗克认为，紧接着的和更加基本的任务就是要搞清楚这个公式的理论基础和物理根源。这将直接导致发现自然界中的新恒量——量子。

1900年12月14日，在柏林德国物理学会的例会上，普朗克在一篇“关于正常谱中能量分布定律的理论”的论文中，提出了关于黑体辐射公式的物理意义(实际上,普朗克在1900年11月中旬就已经得到了黑体辐射定律的物理诠释)。在这里,普朗克通过引入振子能量量子化 $\varepsilon=h\nu$,由经典电动力学和经典统计热力学,从理论上导出了黑体辐射的普朗克公式。能量的量子化突破了经典物理学中的连续性原理,量子物理学由此诞生。1900年12月14日也被普遍公认为量子物理的诞生日,普朗克也因此被称为量子论的"第一个父亲"。普朗克于1918年因为"发现了能量量子"而获得诺贝尔物理学奖。

但是,在20世纪的前10年时间里,很多人还是把普朗克公式看成是一个局限在辐射问题中的"经验公式"。甚至在1908年,当达姆斯特德编写《自然科学与技术史手册》时,在所列举的1900年以来全世界120项发明和发现时,竟然没有普朗克的名字。量子论得以传播和发展,并最终得到人们的理解和接受,爱因斯坦起到了非常重要的作用。所以大家说,爱因斯坦是量子理论的"第二个父亲"。

1903年,卢瑟福和索迪发表了放射性元素的嬗变理论。

1903年,J.J.汤姆孙提出原子模型的所谓葡萄干布丁模型。

1904年,长冈半太郎发表了原子结构的土星模型。

1905年,爱因斯坦发表了"关于光的产生和转化的一个启发性观点"的论文。爱因斯坦从分析黑体辐射的困难入手,提出了光量子的思想(即单色辐射好像是由一些互不相关的能量量子所组成),从而成功解释了光电效应等现象。爱因斯坦于1921年就是因为给出了"光电效应的规律"而获得诺贝尔物理学奖(爱因斯坦获得诺贝尔奖的过程颇有意味,值得一看,请参考其他书籍)。

1905年,瑞利为他自己在1900年提出的辐射公式规定了一个比例常数,但是里面错了一个数值因子,随后被金斯所纠正,这样就得到了所谓的瑞利-金斯公式,它适用于长波区域的黑体辐射。

1906年3月,爱因斯坦发表了《论光的产生与吸收》的论文。明确指出,他的光量子与普朗克的能量量子是相同的。

1906年11月,爱因斯坦发表了《普朗克的辐射理论和比热理论》的论文,成功给出了关于固体比热的第一个量子理论。文中也指出,黑体辐射的能量分布定律“值得引起严重的注意,因为它有助于对一系列规律的理解”。

正是爱因斯坦1905年的光量子理论和1906年的固体比热理论,使人们意识到普朗克公式所包含的不仅仅是一个孤立的“辐射问题”,而是带有普遍意义的“量子问题”。

1906年11月,爱因斯坦在《普朗克的辐射理论和比热理论》的文章中,还首次提出了普朗克公式的另一种推导方法,并指出对于普朗克理论的内在问题,要从对热的分子运动论(指统计方法)的修正着手。

1906年,莱曼发表了氢原子光谱的莱曼系。原子光谱学的发展在整个量子力学的发展中起到特殊的作用。

1908年,帕邢发表了氢原子光谱的帕邢系。

1909年,盖革和马斯登在卢瑟福的指导下在英国曼彻斯特大学进行了α粒子散射实验,发现了金属箔能使有些α粒子产生大角散射,从而否定了汤姆孙的原子模型。

1909年,因提出相对论已经蜚声世界的爱因斯坦在德国自然科学家协会第81届大会上,做了题为“论我们关于辐射的本质和组成的观点的发展”的报告,明确提出了光的波粒二象性理论。这次会议还有来自全世界的主要的理论和实验物理学家参加。

1910年2月,能斯特报道了他花了3年时间完成的低温比热的测量数据,证实了爱因斯坦的比热公式。能斯特于1920年因为“对热化学的研究”而获得诺贝尔化学奖。

1910年,德拜绕过普朗克理论中连续与分立的前后矛盾,给出普朗克公式早期的最简单、最清晰的一个推导。德拜于1936年因为“研究分子结构”而获得诺贝尔化学奖。

1911年,卢瑟福对α粒子的大角散射实验做出解释,提出了原子的行星模型。卢瑟福于1908年因为“对元素的蜕变以及放射化学的研究”而获得诺贝尔化学奖。

1911年10月,由实业家索尔维资助的第一届索尔维会议在布鲁塞尔召开。当时最有名的18位物理学家应邀参加了会议。会议的主题是“辐射理论和量子”,这标志着由普朗克创立、由爱因斯坦发展起来的量子论已经开始为人们所普遍接受。此次会议后，量子论成为全世界物理学家注意的中心，并很快进入旧量子论的鼎盛时期。

1913 年，斯塔克发现了电场能使原子光谱分裂的效应（即所谓的斯塔克效应）。斯塔克于 1919 年因为“发现多普勒效应和光谱分裂”而获得诺贝尔物理学奖。

1913 年，玻尔在卢瑟福原子模型、普朗克量子论和里德堡光谱定律等理论的基础上，分三次发表长篇论文《论原子构造和分子构造》，提出原子定态和跃迁的概念，从理论上解释了线光谱的起源、原子结构稳定性等理论问题。玻尔原子模型的建立，使得玻尔被誉为量子论的“第三个父亲”。玻尔于 1922 年因为“原子结构的理论”而获得诺贝尔物理学奖。

1914 年，夫兰克和赫兹发表了用电子轰击汞气体原子的实验结果，发现电子能量达到某一确定值时，气体的电离达到某些明显的极大值，这直接验证了玻尔的原子理论。夫兰克和赫兹于 1925 年因此而获得诺贝尔物理学奖。

1915 年，索末菲推广了玻尔理论，得出了电子椭圆轨道的量子化条件，解释了氢原子巴耳末线系的精细结构。

1916 年，爱因斯坦发表了《关于辐射的量子理论》的论文，利用量子跃迁的概念又一次导出了普朗克的辐射公式，同时提出了受激辐射的理论，这成为 20 世纪 60 年代初蓬勃发展起来的激光技术的理论基础。

1916 年，索末菲和德拜证明了角动量沿恒定磁场方向的分量是量子化的，从而用量子论解释了正常塞曼效应。

1918 年，玻尔提出对应原理，并用来计算谱线强度和选择定则。

1920 年，索末菲提出内量子数假设，使量子论对碱金属原子的光谱基本上都可以解释，但是仍然不能解释反常塞曼效应。

1921 年，玻尔提出多电子原子结构的理论，解释元素周期律。

1921 年，海森伯发表了《关于谱线结构与反常塞曼效应的量子论》，提出了半整数量子数。

1921 年，朗德提出磁场中谱线分裂的朗德因子，在解释反常塞曼效应方面有所突破。

1922 年,德布罗意用“光分子”气体模型导出普朗克公式。

1922 年,施特恩和格拉赫发表了用银原子束在不均匀磁场中的偏转测定原子磁矩的实验结果,证实了角动量的空间量子化。施特恩于 1943 年因为“发现质子的磁矩等”而获得诺贝尔物理学奖。

1922 年,康普顿用光量子和电子碰撞的图像解释了 X 射线散射中的波长变长的实验结果(即康普顿效应)。这个实验使光量子假设得到最后确认。康普顿于 1927 年因为“康普顿效应”而获得诺贝尔物理学奖。

1923 年 9—10 月,德布罗意接连发表了《波与量子》《光量子、衍射和干涉》和《量子、气体运动理论以及费马原理》等三篇论文。提出了电子具有波动性的思想。也提出了实物粒子具有波动性的所谓“相波理论”。这三篇论文后来成为他博士论文《量子理论的研究》的基础内容。德布罗意于 1929 年因为“发现电子的波动性”而获得诺贝尔物理学奖。

1924 年,玻色发表了光量子所服从的统计规则,并用来导出了普朗克公式,至此普朗克公式推导中的内在矛盾得到彻底解决。爱因斯坦把玻色的统计规则作了推广,成为玻色-爱因斯坦统计,它是自旋为整数的粒子所服从的统计规则。

1925 年 1 月,泡利提出不相容原理(对费米子体系适用)。当时的表述是:在一个原子中不可能有两个或两个以上的电子具有完全相同的四个独立量子数。泡利于 1945 年因为发现“泡利不相容原理”和提出中微子假设而获得诺贝尔物理学奖。

1925 年 1 月,克勒尼希在得知泡利的不相容原理后,把电子的第四个自由度解释为自旋角动量,它和后来乌伦贝克和古德斯密特发现的自旋基本上一样。但是,由于当时泡利等持否定态度,克勒尼希的结果没有公开发表。

以上就是旧量子论发展的主要线索。可以看到,在旧量子论发展时期,人们对普朗克辐射公式的理论基础产生了很大的兴趣,普朗克公式得到了多次重新的推导和证明。这个公式是量子论的起源。

A.3 量子力学的创立和完善

逻辑上完备的量子力学的真正创立，应该从海森伯创立量子力学的矩阵力学形式开始。

1925年7月，海森伯发表了一篇题为《运动学与动力学关系的量子理论再解释》的论文。紧接着，玻恩和约尔当发表了《关于量子力学Ⅰ》的论文；玻恩、海森伯和约尔当发表了《关于量子力学Ⅱ》的论文。这三篇论文构成了被称为矩阵力学形式的量子力学。由此量子力学宣告诞生。海森伯于1932年因为“发现量子力学”而获得诺贝尔物理学奖。

1925年10月，泡利使用海森伯的量子力学成功地解决了氢原子的各种问题，其中包括旧量子论无法解决的交叉电场和磁场中的氢原子光谱的问题。泡利的这些结果在1926年初以《新的量子力学观点处理氢的光谱》为题发表，令人信服地证明了新的量子力学比旧量子论优越，也对矩阵力学的发展起到了重要的支持和促进作用。

1925年10月，乌伦贝克和古德斯密特发表了关于电子自旋的论文，并迅速得到玻尔的赞同，之后海森伯也表示支持。

1925年，托马斯计算了自旋轴做进动的角动量，解释了克勒尼希、乌伦贝克和古德斯密特的工作中共同缺少了一个因子2。从此自旋得到了绝大多数物理学家的承认(泡利除外)，而且反常塞曼效应也不再是一个无法解释的问题了。

1925年11月，狄拉克发表了题为《量子力学的基本方程》的论文，把海森伯的矩阵力学纳入泊松括号的形式。狄拉克在1933年同薛定谔一道因为“新的富有成效的原子理论”而获得诺贝尔物理学奖。

1926年初，薛定谔接连发表了题为《量子化是本征值问题》第一部分和第二部分的论文。这两篇论文构成了被称之为波动力学形式的量子力学。薛定谔于1933年与狄拉克一道获得诺贝尔物理学奖。

1926年3月，薛定谔发表了题为《论海森伯、玻恩、约尔当的量子力学和薛定谔量子力学的关系》的论文，证明了矩阵力学与波动力学是一致的，可以相互变换。泡利等人也同时独立地证明了这两种力学的等价性。

1926 年，薛定谔还陆续发表了《量子化是本征值问题》第三部分和第四部分两篇论文。分别提出了定态微扰理论和含时微扰理论，并用来计算斯塔克效应等具体的问题。

1926 年 6 月，玻恩在一篇题为《散射过程的量子力学》的文章中，提出了波函数的概率解释，得到了多数物理学家的赞同。波函数的概率解释成为量子力学中最重要的基本概念之一。玻恩于 1954 年主要因为"对波函数的统计解释"而获得诺贝尔物理学奖。

1926 年狄拉克接连发表了《量子力学对氢原子的初步研究》《量子代数》《量子力学理论》《量子力学的物理解释》等论文，给予矩阵力学以物理解释。同时发展了一套将矩阵力学和波动力学融为一体的、与玻恩关于波函数的概率解释相容的系统的量子力学理论体系，其中包括了普遍变换理论和狄拉克符号。这些内容于 1930 年整理成书，以《量子力学原理》为书名出版，成为第一本量子力学教科书。此后多数的量子力学教科书都以此为蓝本。

1926 年，费米和狄拉克分别独立发表了自旋为半整数的微观粒子(所谓的费米子)所服从的统计规则：费米-狄拉克统计。费米于 1938 年获得诺贝尔物理学奖。

1927 年，海森伯发表了测不准关系。

1927 年，玻尔提出了互补原理。

1927 年，泡利按照量子力学的范式引入了可以描述电子自旋性质的泡利矩阵。

1927 年，狄拉克引入玻色体系的二次量子化，约尔当、维格纳引入费米体系的二次量子化。

1927 年，戴维孙、革末和汤姆孙分别通过实验获得了电子的衍射花样，从而明确证明了电子具有波动性。此后，德布罗意波的概念被普遍承认，习惯上称之为物质波。

1927 年 10 月，在第五届索尔维会议上，爱因斯坦和玻尔就量子力学的诠释问题爆发了第一次公开争论。此后在 1930 年 10 月的第六届索尔维会议上，双方又爆发了一场激烈争论。历史上，这一争论具有重要意义。

1928 年，狄拉克发表了相对论性的电子波动方程——狄拉克方程，它把电子的相对论运动和自旋、磁矩自动联系了起来。

1928 年，伽莫夫、格尼和康登发表了根据量子力学导出的盖革-努塔耳定律，证明了量子力学在原子核问题上也是适用的。

1928 年，海森伯用量子力学的交换能解释了铁磁理论。

1929 年，海森伯和泡利提出了相对论量子场论。

1929 年，爱因斯坦提出统一场论。

1931 年，狄拉克发表磁单极子理论。

1948 年至 1950 年，费曼先后发表了《非相对论量子力学的时空研究》《电磁相互作用量子理论的数学表示》的论文，建立了被称之为第三种非相对论量子力学的理论形式，即量子力学的路径积分形式。这个形式特别适用于推广到场的量子理论。费曼于 1965 年因为“在量子电动力学方面的杰出贡献”而获得诺贝尔物理学奖。

1948—1949 年，许温格、朝永振一郎和费曼分别完成了量子电动力学的完整理论，成功解释了 1947 年发现的氢原子谱线的兰姆移动，使量子物理学达到了很高精确的程度。许温格、朝永振一郎和费曼一道于 1965 年因为“量子电动力学”而获得诺贝尔物理学奖。

可以看到，对量子力学的发展有重要贡献的工作基本上都会被授予诺贝尔物理学奖（或化学奖）。所以，量子力学这门科学的重要性是不言而喻的。关于 1950 年之后的量子力学的发展历史，这里就不予详细叙述。量子力学从来都没有停止过发展，它一直都在得到深化。

附录B

对称性与守恒定律

自然界以及人造物中随处可见一些带有几何对称性的物体，例如宫殿、京剧脸谱、雪花（图 B.1）和蜂窝等。人类最早也是通过这些东西感性地认识了所谓的“对称性”概念。在意识上，人类对这种对称的美有特殊的感受，所以也有意识地将对称性应用于日常的各种建筑、装饰和设计当中。随着人们对自然界认识的深入，对称性的概念也被引入到了自然科学的领域。现在看来，对称性是目前科学界最深刻的概念之一。现代物理学的不少重大突破，都直接或间接地与对称性或对称性破缺的概念有关。

图 B.1　雪花（六角对称性）

什么是对称性呢？著名的德国数学家外尔给对称性下了一个普遍的定义：“如果系统的状态在某种操作下保持不变，则称该系统对于这一操作具有对称性。”这样的操作就被称为“对称操作”。这里提到的“系统”二字，可以是我们所熟悉的图像，也可以是某个现象或物理定律。物理中常见的对称操作，则包括了空间的平移、镜面反射、旋转和空间反演等，也包括时间的平移、反演以及时间-空间的联合操作等。当然，还会有一些比较抽象的变换

(即操作),如规范变换、置换等(它们可以与时间、空间的坐标无关)。

除了对称性的概念之外,“对称性破缺(symmetry-broken)”也是非常重要的概念。如果某物理系统的运动受到外界因素(如外力)的限制,从而导致该系统原有的某些对称性遭到破坏,这种情况就称为对称性破缺。研究自然界所呈现出来的各种对称性以及产生的对称性破缺,是人们认识自然规律的一个重要手段。前面已经提到,一个概念能够在物理学中存在下来,一般都必须能够对其进行定量化(一个无法定量的概念在物理学中很可能就不那么重要了)。所以,对称性也不例外(听起来对称性不像是个物理量),上面对对称性的定义就提供了一个可定量化的东西:对称操作和对称操作的数目(不予细述)。

进入20世纪以后,物理学家认识到对称性与守恒定律之间存在着紧密的关系。德国女科学家诺特早在1918年就将守恒定律与对称性联系在一起,建立了诺特定理:“每一种对称性均对应于一个物理量的守恒律;反之,每一种守恒律均对应于一种对称性。”现在,我们来讨论力学中的三条重要的守恒定律与时空对称性之间的关系。这些结论是可以证明的,只是证明的过程并不合适在这里给出,所以我们只做认真的叙述而已。

(1) 空间的平移对称性导致动量守恒定律

所谓的空间平移对称性指的是空间的均匀性。例如,一个给定的物理实验或现象的进展过程是与实验室的位置无关的。无论是在厦门做实验,还是在北京做同样的实验,得到的物理过程和规律都是一样的。物理实验可以在空间的不同地点重复。所以,空间并没有绝对的原点,所能观测的只是物体在空间的相对位置。空间的这种均匀性就导致了动量守恒定律。当然,如果空间的平移对称性发生破缺(如系统不再孤立),则系统的动量就不再守恒了。

(2) 空间的旋转对称性导致角动量守恒定律

空间旋转对称性指的是空间的各向同性。在太空中(地面上会有重力的影响),任意一个给定的物理实验或现象的进展过程是与实验室的取向无关的,把实验室旋转一个方向并不会影响实验的结果。也就是说,空间的绝对方向是不可观测的,没有绝对的“上”或“下”方向的差别。空间的各向同性导致了角动量守恒。

(3) 时间的平移对称性导致能量守恒定律

时间的平移对称性指的是时间的均匀性。例如,一个给定的物理实验或现象的进展过程是与实验开始的时刻无关的。无论是今天做实验,还是明天做同样的实验,得到的物理过程和规律都是一样的。物理实验会在不同时候得到重复。物理规律的这种时间均匀性导致了能量守恒定律。

可见,这里的三个守恒定律都是从时空的对称性来的,它们比一般的定理、定律有着更加普遍的自然根基。所以,虽然牛顿的三个运动定律在微观世界中已经不再正确,但是动量守恒定律、角动量守恒定律和能量守恒定律却是普遍成立的,无论是在宏观还是微观世界里。

美神维纳斯失去了双臂,但是多数人却认为这是很美的,即所谓的“残缺美”(类似于对称性破缺)。有趣的是,曾经有很多人给维纳斯设计了各种形态的双臂,但是最终都无法跟断臂的维纳斯相比美(见图 B.2)!回到物理学上来,1956 年李政道和杨振宁提出的弱相互作用下的宇称不守恒,也正是镜像对称性被破坏的“残缺美”!

图 B.2　美神维纳斯的塑像

附录C

谈谈诺贝尔奖

有必要稍稍讨论一下诺贝尔奖，以便消除大家的某些误解。例如，有些人就认为诺贝尔奖可以像很多奖项那样是可以通过申请得来的，这完全是不对的。

量子力学是从20世纪初发展起来的，到今天已经被授予了“无数个”诺贝尔物理奖和化学奖（见图C.1）。有的诺贝尔奖听起来似乎只是一个新概念的提出，例如：物质粒子的波粒二象性；有些甚至只发表在论文的注释里面，例如：玻恩的波函数的概率解释。其实，每个物理奖的背后都显含或隐含着大量的数学过程，而且有非常深刻的物理内容。有一个有趣的现象：有人统计过，自20世纪中叶以来，在诺贝尔化学奖、生物及医学奖，甚至是经济学奖的获奖者中，有一半以上的人具有物理学的背景；反过来，却从未发现有非物理专业出身的科学家问鼎诺贝尔物理学奖的事例。这说明人们可以从物理学中汲取智慧，然后在非物理领域里获得成功，反之则行不通。

图C.1 诺贝尔奖章

现在，让我们来假设一件有趣的事情（是纯粹的假设而已）：假如我们对所有的人明确公开表示，只要谁能解释清楚“玻璃为什么是透明的”，我们就授予他诺贝尔物理学奖（其实，这真的是一个诺贝尔奖的“课题”）。这当然是假设的，不会发生这类的事情，因为诺贝尔奖是从一大堆已经取得的科学成就中最终由诺贝尔奖委员会和瑞典科学院投票出来的。再假设,因此出现了大量各种各样关于"玻璃为什么是透明的"的解释。有很多人可能仅用嘴巴解释了很长的时间,还有很多人可能写了很厚的书来解释(假设里面没有基于量子力学基本原理的数学推演)。可以确认的是,这两种解释方式是完全无用的,诺贝尔奖委员会根本就不会注意到这些。那么,最后为什么只有 P. W. 安德森和莫特(1977 年的诺贝尔物理学奖获得者)能够领走这个诺贝尔奖呢?因为,要解释清楚"玻璃为什么是透明的",就必须从微观的量子力学的基本原理出发,通过大量的数学的演绎,最终能够说明"玻璃为什么是透明的",这样的理论解释才是彻底的。也只有这样,才能最终得到诺贝尔奖委员会的青睐。"玻璃为什么是透明的"其实是一个非常深刻的问题。另外,我们还需要注意"唯象"与"微观"这两个名词,如果你仅仅唯象地解释了"玻璃为什么是透明的",那还是不够的,你还必须用微观的量子力学的原理来解释你的唯象理论的出发点,这样才能算完整。莫特在他的诺贝尔奖演讲词中这样提到:"似乎并无一人比我的合作者和我更早的多地问一问"为什么玻璃会是透明的"这样的问题,这是有些奇怪的。""在过去的许多年中竟无一人试图从理论上了解玻璃里的电子一事,更使我奇怪。"莫特的说法当然是谦虚的,很可能这本来就是一个相当困难的问题。

再假设除了 P. W. 安德森和莫特完成了微观解释之外,还有其他的人也做了这方面的类似工作,这时候,谁最终能够获得诺贝尔奖在一定程度上可能要靠运气了。或者说,完全由瑞典的诺贝尔奖委员会来决定。应该再提一下,诺贝尔奖不是通过申请得来的,你的申请并没有地址可以寄出。恰恰相反,通过自荐的方式想获得诺贝尔奖,反而很可能被取消诺贝尔奖的获奖资格。

有一些例子表明,不要因为某种理论"被证明了那是不可能的",就完全不去尝试。有一些关于诺贝尔奖的例子可以很好地说明这一点。

(1) 石墨烯就是一个例子。在发现石墨烯之前,大多数物理学家都认为,热力学涨落不允许任何二维晶体在有限温度下存在,这当然预示着石墨烯不可能在自然界中存在。因为石墨烯被认为是严格的二维晶体,而完美的二维结构无法在非绝对零度下稳定存在。然而,自然界是多么的巧妙呀,只要给二维的单层原子片一些波浪形的皱褶(见图 C.2),像石墨烯这样的物质就可以非常稳定地存在。所以,石墨烯的发现立即震撼了凝聚态物理和材料界。英国曼彻斯特大学的两位科学家盖姆和诺沃消洛夫就因为用一种非常简单的机械剥离法得到石墨烯而获得 2010 年度的诺贝尔物理学奖。看来,在物理中既需要非常严格的逻辑推演(纯数学的),也需要不那么严格的大胆的猜测。

图 C.2　石墨烯的结构

(2) 宇称不守恒的例子。在李政道和杨振宁提出宇称不守恒的观念之前,大家都自然而然地认为宇称是守恒的。正因为都默认宇称是守恒的,那就没有必要去做任何这方面的实验了。当李-杨大胆地提出弱相互作用中的宇称不守恒时,吴健雄就认为,即便宇称就是守恒的,也值得做实验再去证明一次。吴健雄的成功实验最终导致了李-杨获得了诺贝尔物理学奖,至于吴健雄本人为何没有获奖,这还是一个谜。

(3) 田中耕一的传奇。田中耕一因为与美国科学家约翰·芬恩一同发明了"对生物大分子的质谱分析法",而获得了 2002 年的诺贝尔化学奖。田中耕一的得奖是一个传奇。因为田中从来不和学术界沾边,手头上既没有博士学位,连硕士学位都没有。发表的论文数量从学术界的角度看完全可以略去不计。据说,田中为了能在实验室第一线从事研究工作,自己拒绝了所有的升职考试。可以想见,他在经济上也不会有多么宽裕。所以说,田中几乎就是处于日本企业社会的最底层,以至于前一天晚上田中获诺贝尔化学奖的消息传来时，整个日本学术界都措手不及。2001 年的诺贝尔化学奖获得者野依良治和 2000 年的诺贝尔奖获得者白川英树都不知道田中耕一是何许人也。据说，在获悉田中获奖的那一天，日本文部省（即教育部）内一片混乱，因为在他们的日本研究生命科学学术界的资料名单中，根本就找不到田中耕一的名字。田中的个人成就是根据自己的想法设计了分析仪器，连同分析方法一起申请了专利，并获得批准。有趣的是，在田中做他的工作时，他并不知道他要做的事情已经在学术界被某些权威证明那是“不可能的”。田中专利的内容已经达到了获得诺贝尔奖的水平，但是似乎田中本人和日本科技界都没有意识到。

最后，我们来聊聊“诺贝尔奖之梦”（Nobel Dream）。你完全可以说，得不得诺贝尔奖对我们中国的发展来说并没有那么大的重要性。但是你也不能否认，在屠呦呦获得诺贝尔奖之前，中国一直都没有人获得，这无论如何对我们中国来说是一个巨大的压力。印度、巴基斯坦和越南都有人获得诺贝尔奖，而且还不止一个，而日本更是有 20 多人获得诺贝尔奖了（很多都是最近一些年获得的）！从我这里毕业的一位博士生在韩国做博士后，他告诉我，似乎韩国人的压力非常大，因为至今还没有一位韩国人获得诺贝尔奖。据他说，韩国各个大学的教授们都有一种无形的压力。

后　记

理解量子力学的概念毕竟还是有一定难度的，所以没有必要要求书中的所有东西你（我）都能理解。在很多地方，你可能会读到诸如“……不建议你去作更深入的思考……”这类的句子。对于这样的章节，要么是极其深奥的，要么根本就是“无解”的，即有些地方根本就还没有人知道为什么会是那样的。例如，为什么会有量子纠缠存在（即量子力学的非定域性）。有人说，量子纠缠的这种非定域的关联似乎来自时间和空间之外，这是因为在时间和空间范围内，所发生的任何故事都无法对自然界产生的如此关联的方式给予合理的解释。不过，非定域性一定会找到精妙的解释，我们肯定会非常清晰地理解这个神秘的非定域性的，因为物理学家是绝不会抛弃他们要完整地理解这个世界的伟大的进取心的。

在佐藤胜彦的一本科普书《有趣的让人睡不着的量子论》中，作者提供了一个非常有趣的说法：“读完本书感到脑子里一片混乱的读者，事实上是对量子论有了一定了解的人。”在领略了量子理论的很多不可思议之后，如果你也觉得“好像有些明白，又好像搞不明白”，那意味着你对量子理论有了一定的认识。伟大的理论物理学家费曼也曾经说过：“能够应用量子力学的人不在少数，但是真正理解量子理论的人却一个也没有！”此外，玻尔也有句名言：“如果谁不对量子论感到困惑，他就没有理解这个理论。”物理系、化学系或材料系等专门学习过量子力学的读者，你有可能没有认真思考过量子力学的逻辑和哲学基础，但是你可以对量子力学运用自如，这是因为你熟悉了量子力学的数学框架而已。但是，在讨论量子力学本身的意义时，大家还是会争论得面红耳赤，本书就为这种争论提供了一种传统的观点。撰写本书时，笔者总是以内容的正确性为最重要的原则。由于量子力学中的一些内容本来就没有“标准答案”（还有各种争论），这时候笔者是以最主流的内容为蓝本的。

现在的量子力学不仅研究物质与能量（包括光子），它已经发展成为探索整个宇宙构成的伟大科学体系。量子力学的内容实际上越来越有趣了。阅读完本书的人并不会成为物理学家，笔者所希望的是读者能够了解量子力学这样一个激动人心的领域，并了解目前探索宇宙奥秘的最重要的工具正是量子力学。量子力学是一个逻辑上完备的理论。到目前为止，还没有发现有确切的实验事实违背了当今的量子力学。此外，量子力学的发展从来就没有停止过。本书的主要任务只是解释传统的量子力学的基本概念，对于现代量子力学的发展涉及很少。

20 世纪诞生了量子论和相对论这两个伟大的科学理论，21 世纪也必定是一个充满惊奇的世纪，肯定会产生革命性的新理论。为了应对伟大的新世纪，我们应该保有一颗纯粹的好奇心，对现代科学的进展保持了解。也许伟大的新理论就会诞生于那些默默无闻的年轻人的头脑中，正像 20 世纪时的量子论和相对论的诞生那样。与相对论不同（不管是狭义相对论还是广义相对论，爱因斯坦一个人的贡献是主要的），量子力学则是一群人的贡献，而且主要是一群非常年轻的人的贡献。将来必会类似，因为年轻人具有开拓性的精神，真正的科学突破应该靠年轻人，他们才是没有包袱的人。笔者希望，本书除了科普一些最重要的量子力学内容之外，也能帮助培养年轻人的科学思想、科学态度以及科学的思维方法。这些冠冕堂皇的目的可能远未达到，因为毕竟科学的启蒙需要大量的科普书籍。

从薛定谔方程的提出到今天差不多一个世纪过去了，量子力学的教科书已经不计其数。特别是近几年，国内新出版了很多关于量子力学的新教材。虽然一个世纪过去了，中文内容相对完整的量子力学科普书还很少。这是一本非常严肃的讲述量子力学的书，虽然笔者十分注意使本书容易被读者所理解，但是不得不承认，很多地方还没有将量子理论的复杂性叙述得足够简单，事实上的复杂性与叙述上的简单性之间的平衡还是有点困难的。通俗易懂地讲述量子力学毕竟是一个挑战。

对于希望从本书真正学到量子力学的数学框架以及希望将来进一步深入学习量子力学的读者来说，本书有几个章节是一定要读的，它们是理解量子力学的关键之所在，这些就是：2.1 节关于对牛顿第一定律的讨论和关于牛顿三个定律遇到的困难，以及 4.5 节关于量子力学的基本假设。此外，第 6 章关于非定域性和量子纠缠也是很重要的。对于一般的读者，如果只是希望大致了解什么是量子力学的话，有些章节可能读个大意就可以了，不过如果能够理解这些重要的章节还是会很有帮助的。应该说明，真正学习量子力学最重要的应该是认真理解 4.5 节中的量子力学公设(2)，这是非常重要的，值得说 N 次。

值得再次提到的是，多数的量子力学教材很少教给学生的内容，即量子力学的非定域性和量子纠缠。让我们引用中国科学技术大学陆朝阳的说法："量子力学是目前为止对客观世界最精确的描述。之所以大家觉得反直觉，是因为量子力学的一些效应所发生的物理尺度是非常微小的，比我们日常生活中见到的头发丝还要小亿倍。在这样一个微观世界里面，有它自己独特的运行规律。但其实，量子力学及其催生的技术已经在各方面改变了我们的生活。可以说，没有量子力学，就没有我们今天的计算机、手机、互联网、导航、激光、磁共振等。以上这些是 20 世纪在'第一次量子革命'中催生出来的成果，主要是建立于对量子规律宏观的应用。目前，我们从事的量子信息技术在欧洲被称为'第二次量子革命'，通过主动地精确操作一个一个的光子或原子，利用量子叠加、量子纠缠等性质以一种革命性的方式对信息进行编码、传输和操纵，突破经典信息技术的瓶颈，未来的应用包括量子通信、量子精密测量、量子计算等。"笔者认为，量子力学的非定域性很快会成为量子力学教材的标准内容。

中国的一位物理学家曾经说道："文学和社会科学把坐标系的原点架在人们的心上，所以文学家和社会学家会把人类心理和人类社会活动的各种细节都描述得非常仔细，尽管这种描述永远也记录不完人类心灵的感受。物理学家则把坐标系的原点架在宇宙的某个点上，他们完全不关心人类所经历的任何幸福和痛苦，而只想把物理运动描述得更加完整和完美。"所以，物理学的哲学就是真正的自然哲学,与社会哲学是完全不同的。

在繁重的科研和教学任务之外匆匆地完成本书,这一定会导致书中的错误之处和不准确的地方,敬请各位指正和批评。最后,虽然量子力学是最艰深的科学理论之一,但却是人人或多或少都可以理解的。量子力学包含着人类思想最进步的因素,这一点是多么重要啊!